电子电气基础课程系列教材

U0259389

微机原理及接口技术
（第2版）

方　红　徐嘉莉　杨柱中　傅　勇　张　玉　编著

电子工业出版社

Publishing House of Electronics Industry

北京·BEIJING

内 容 简 介

根据Intel系列微处理器的向下兼容性，本书着重讲解了16位微型计算机的工作原理、指令系统、8086汇编语言程序设计及接口技术。全书分为四部分：微型计算机原理部分（第1、2、5、6章），汇编语言程序设计部分（第3、4章），接口与应用部分（第7、8、9章），虚拟仿真实验（第10章）。

本书以"基础理论+举例"为主线组织编写，在内容安排上注重系统性、逻辑性与实用性。本书结构清晰、易教易学、实例丰富，对易混淆和实用性强的内容进行了重点提示和讲解。为了满足线上教学的需要，还提供了4个虚拟仿真实验。

为便于读者自学，本书附有一定量的习题及相应的答案供参考。此外，本书配有多媒体课件，可供教师在教学时使用。

本书既可作为高等院校电子信息与电气类专业的教材，也可供从事微型机系统设计和应用的技术人员自学和参考。

图书在版编目（CIP）数据

微机原理及接口技术 / 方红等编著. —2 版. —北京：电子工业出版社，2022.1（2024.2 重印）
ISBN 978-7-121-42606-3

Ⅰ. ①微…　Ⅱ. ①方…　Ⅲ. ①微型计算机－理论－教材②微型计算机－接口技术－教材　Ⅳ. ①TP36

中国版本图书馆 CIP 数据核字（2022）第 012844 号

责任编辑：张小乐　　文字编辑：竺南直
印　　刷：涿州市般润文化传播有限公司
装　　订：涿州市般润文化传播有限公司
出版发行：电子工业出版社
　　　　　北京市海淀区万寿路 173 信箱　　邮编：100036
开　　本：787×1092　1/16　　印张：14.75　字数：378 千字
版　　次：2013 年 2 月第 1 版
　　　　　2022 年 1 月第 2 版
印　　次：2024 年 2 月第 3 次印刷
定　　价：49.80 元

凡所购买电子工业出版社图书有缺损问题，请向购买书店调换。若书店售缺，请与本社发行部联系，联系及邮购电话：（010）88254888，88258888。

质量投诉请发邮件至 zlts@phei.com.cn，盗版侵权举报请发邮件至 dbqq@phei.com.cn。

本书咨询联系方式：（010）88254462，zhxl@phei.com.cn。

前　言

微机原理与接口技术是电子信息与电气类专业一门重要的专业基础课。随着微处理器技术的不断发展和用人单位对人才培养的更高要求，迫切需要一批适合新形势的教材。为此，本书作者结合多年来一线教学的经验，参考现有教材，从教和学的角度出发，着手编写了这本教材。

本书首先介绍了微型计算机的相关概念及组成，围绕微型计算机系统的各个组成部分，相继介绍了微处理器、80X86 的寻址方式及指令系统、汇编语言程序设计、存储器、输入/输出接口、中断系统、可编程接口芯片。本书分为四部分，共 10 章，其中第 1、2、5、6 章为微型计算机原理部分，第 3、4 章为汇编语言程序设计部分，第 7、8、9 章为接口与应用部分，第 10 章为虚拟仿真实验。

本书在第 1 版的基础上，为了满足线上教学的需要，增加了虚拟仿真实验的内容。同时为了方便学生自学，增加了附录 A（8086/8088 指令格式及功能表），并添加了一些新的内容，以反映微机原理及接口应用的新技术、新发展。

本书编著者结合多年的教学与科研工作经验，立足系统性、实用性、先进性、工程性，叙述简洁、层次分明，做到理论与应用并重，为便于学生更好地理解书中的基本知识和概念，每章还附有一定量的习题。全书由成都大学电子信息与电气工程学院方红教授统筹安排和定稿，编写分工如下：方红编写第 1、9 章，徐嘉莉编写第 3、4 章和附录 A，杨柱中编写第 2、6 章，傅勇编写第 5、7 章，张玉编写第 8、10 章。方红和傅勇对全书进行了审定。

本书参考并吸取了大量国内出版的教材、论文的长处，在此表示感谢。由于编著者水平有限，书中难免存在缺漏或不妥之处，敬请读者批评指正。

编著者

2021 年 9 月

目　　录

第1章 微型计算机概述

本章要点

◆ 了解计算机和微型计算机的基本概念
◆ 掌握 80X86/Pentium 微处理器的性能和特点
◆ 掌握微型计算机系统组成及各部分的作用
◆ 了解微型计算机的主要性能指标
◆ 了解数据、信息的概念
◆ 掌握计算机中数值数据的表示及其运算
◆ 了解计算机中非数值数据的表示

1.1 计算机和微型计算机的发展

1.1.1 计算机的发展

计算机技术的飞速发展，给人类生活、学习和科学研究各个领域带来了技术革命，计算机知识和应用技能已成为人类知识经济的重要组成部分。

1946 年第一台电子计算机 ENIAC（Electronic Numerical Integrator And Computer）问世。它的体积有 85 立方米，占地面积 150 平方米，重 30 吨；有 1800 多个晶体管，耗电 140 千瓦，价值 40 多万美元；它只能存储 750 条指令，每秒钟只能进行 360 次乘法运算。性能上与现代的通用微型机相比相差甚远。其后几十年的发展历史中，计算机经历了电子管、晶体管、中小规模集成电路和大规模、超大规模集成电路几个阶段。

计算机技术的发展对社会进步产生了巨大的影响。当今，计算机及其应用技术的发展速度、深度及广度，都远远超过了历史上任何一种技术手段和装备，在国防、科学研究、政治经济、教育文化等方面无所不及。计算机应用技术引起了社会各领域的巨大变革。

1.1.2 微型计算机的发展

20 世纪 70 年代初期，由于微电子技术和超大规模集成技术的发展，导致了以微处理器为核心的微型计算机的诞生。目前，微型计算机低廉的价格使其真正能够在各行各业应用，能够深入办公室和家庭，形成个人计算机（Personal Computer，PC）。微型计算机（Microcomputer）与其他计算机的区别在于它的中央处理器（Central Processing Unit，CPU）是采用超大规模技术集成在一块硅片上的，又称其为微处理器（Microprocessor）。微型计算机的发展是以微处理器的发展为表征的，以字长和功能来计，微处理器的发展经历了如下几个阶段。

第一阶段（1971—1973 年）是 4 位和 8 位低档微处理器时代。通常称为第一代，其典型产品是 Intel 4004 和 Intel 8008 微处理器和分别由它们组成的 MCS-4 和 MCS-8 微型计算机。基本特点是采用 PMOS 工艺，集成度低（4000 个晶体管/片），系统结构和指令系统都比较简单，主要采用机器语言或简单的汇编语言，指令数目较少（20 多条指令），基本指令周期为 20～50μs，用于家电和简单的控制场合。

第二阶段（1974—1977 年）是 8 位中高档微处理器时代，通常称为第二代。其典型产品是 Intel 公司的 8080/8085、Motorola 公司的 MC6800、Zilog 公司的 Z80 等，以及各种 8 位单片机，如 Intel 公司的 8048、Motorola 公司的 MC6801、Zilog 公司的 Z8 等。它们的特点是采用 NMOS 工艺，集成度提高约 4 倍，运算速度提高 10～15 倍（基本指令执行时间 1～2μs），指令系统比较完善，具有典型的计算机体系结构和中断、DMA 等控制功能。软件方面除了汇编语言，还有 BASIC、FORTRAN 等高级语言和相应的解释程序和编译程序，在后期还出现了操作系统，如 CM/P 就是当时流行的操作系统。

第三阶段（1978—1984 年）是 16 位微处理器时代，通常称为第三代。其典型产品是 Intel 公司的 8086/8088、80286，Motorola 公司的 M68000，Zilog 公司的 Z8000 等微处理器。其特点是采用 HMOS 工艺，集成度（20000～70000 个晶体管/片）和运算速度（基本指令执行时间是 0.5μs）都比第二代提高了一个数量级。指令系统更加丰富、完善，采用多级中断、多种寻址方式、段式存储机构、硬件乘除部件，并配置了软件系统。

这一时期的著名微机产品有 IBM 公司的个人计算机（PC）。1981 年推出的 IBM PC 采用 8088 CPU。紧接着 1982 年又推出了扩展型的个人计算机 IBM PC/XT，它对内存进行了扩充，并增加了一个硬磁盘驱动器。1984 年 IBM 推出了以 80286 微处理器为核心组成的 16 位增强型个人计算机 IBM PC/AT。由于 IBM 公司在发展 PC 时采用了技术开放的策略，使 PC 风靡世界。

第四阶段（1985—1992 年）是 32 位微处理器时代，又称为第四代。其典型产品是 Intel 公司的 80386/80486，Motorola 公司的 M68030/68040 等。其特点是采用 HMOS 或 CMOS 工艺，集成度高达 100 万个晶体管/片，具有 32 位地址线和 32 位数据总线。每秒钟可完成 600 万条指令（Million Instructions Per Second，MIPS）。微机的功能已经达到甚至超过超级小型计算机，完全可以胜任多任务、多用户的作业。同期，其他一些微处理器生产厂商（如 AMD、Texas Instruments 等）也推出了 80386/80486 系列的芯片。

第五阶段（1993 年以后）是奔腾（Pentium，外部数据 64 位）系列微处理器时代，通常称为第五代。典型产品是 Intel 公司的奔腾系列芯片及与之兼容的 AMD 的 K6 系列微处理器芯片。内部采用了超标量指令流水线结构，并具有相互独立的指令和数据高速缓存。随着 MMX（Multi Media eXtended）微处理器的出现，使微机的发展在网络化、多媒体化和智能化等方面跨上了更高的台阶。2000 年 3 月，AMD 与 Intel 分别推出了时钟频率达 1GHz 的 Athlon 和 Pentium Ⅲ 微处理器。2000 年 11 月，Intel 又推出了 Pentium Ⅳ 微处理器，集成度高达每片 4200 万个晶体管，主频高达 1.5GHz，前端总线为 400MHz，使用全新 SSE 2 指令集。2002 年 11 月，Intel 推出的 Pentium Ⅳ 微处理器的时钟频率达到 3.06GHz，而且微处理器还在不断发展，性能也在不断提升。

1.1.3　微型计算机的未来

展望未来，计算机将是半导体技术、超导技术、光学技术、纳米技术和仿生技术相互结的产物。在体积和功能上，它将向着巨型化和微型化方向发展。在应用上，它将向着系统化、网络化、智能化方向发展。未来，微型机将会变得更小、更快、更人性化，在人们的工作、学习和生活中发挥更大的作用；巨型机将成为各国体现综合国力和军力的战略物资，以及发展高科技的强有力工具。

计算机在强大应用需求的驱动下，随着网络的迅速发展，其未来发展呈现以下趋势：①计算机的性能不断提高；②计算机的价值不断缩小；③计算机的价格持续下降；④计算机的信息处理功能走向多媒体化；⑤计算机应用走进"网络计算机时代"。总的来说，就是其发展趋势向巨型化、微型化、网络化和智能化方向发展。

巨型化主要是指功能巨型化。它是指高速运算、大存储容量和强功能的巨型计算机。其运算能力一般在每秒百亿次以上，内存容量在几百兆字节以上。巨型计算机主要用于尖端科学技术和军事国防系统的研究开发。

微型化主要指计算机体积微型化。20 世纪 70 年代以来，由于大规模和超大规模集成电路的飞速发展，微处理器芯片连续更新换代，微型计算机连年降价，加上丰富的软件和外部设备，操作简单，使微型计算机很快普及社会各个领域并走进千家万户。随着微电子技术的进一步发展，微型计算机将发展得更加迅速，其中笔记本型、掌上型等微型计算机将以更优的性能价格比受到人们的欢迎。

网络化主要指计算机资源网络化。网络化是指利用通信技术和计算机技术，把分布在不同地点的计算机互联起来，按照网络协议相互通信，以达到所有用户都可共享软件、硬件和数据资源的目的。

智能化主要指的是计算机处理智能化。智能化就是要求计算机能模拟人的感觉和思维能力，也是第五代计算机要实现的目标。智能化的研究领域很多，其中最有代表性的领域是专家系统和机器人。

未来的计算机技术将向超高速、超小型、平行处理、智能化的方向发展。尽管受到物理极限的约束，采用硅芯片的计算机的核心部件 CPU 的性能还会持续增长。超高速计算机将采用平行处理技术，使计算机系统同时执行多条指令或同时对多个数据进行处理，这是改进计算机结构、提高计算机运行速度的关键技术。

同时，计算机将具备更多的智能成分，它将具有多种感知能力、一定的思考与判断能力及一定的自然语言能力。除了提供自然的输入手段（如语音输入、手写输入），让人能产生身临其境感觉的各种交互设备已经出现，虚拟现实技术是这一领域发展的集中体现。

传统的磁存储、光盘存储容量继续攀升，新的海量存储技术趋于成熟，新型的存储器每立方厘米存储容量可达 10TB（以一本书 30 万字计，它可存储约 1500 万本书）。信息的永久存储也将成为现实，千年存储器正在研制中，这样的存储器可以抗干扰、抗高温、防震、防水、防腐蚀。

1.2　微型计算机系统概述

1.2.1　微型计算机系统

1946 年美籍匈牙利数学家冯·诺依曼（John Von Neumann）等人在一篇"关于电子计算

仪器逻辑设计的初步探讨"论文中，第一次提出了计算机组成和工作方式的基本思想，其主要内容包括：

　　① 计算机应由运算器、控制器、存储器、输入和输出设备五部分组成。

　　② 存储器不仅能存放数据，而且能存放程序。数据和程序均以二进制数码形式在机器内存放。计算机能自动识别数据和程序。

　　③ 编好的程序事先存入存储器中。计算机在指令计数器控制下，自动高速执行。

　　目前，虽然计算机已取得惊人的进步，但究其本质，仍属冯·诺依曼结构体系。

　　我们知道，微型计算机系统由硬件和软件两大部分组成。硬件指组成计算机的设备实体；软件是相对于硬件而言的，指计算机运行所需的各种程序，广义地讲，还包括各种信息。

　　硬件和软件系统本身还可细分为更多的子系统。微型计算机系统组成如图 1-1 所示。

图 1-1　微型计算机系统组成

1.2.2　微型计算机硬件系统

　　微型计算机的硬件系统主要由以下五部分组成：①微处理器；②内存储器（RAM、ROM）；③外存储器（磁盘、磁带、光盘）；④输入/输出设备；⑤总线（BUS）。其系统结构如图 1-2 所示。

1. 微处理器

　　微处理器是整个微型计算机硬件控制指挥中心，不同型号的微型计算机性能的差别首先在于微处理器性能的不同。无论哪种微处理器，其基本结构、基本部件的作用都是相同的。微处理器的基本组成如图 1-3 所示。

图 1-2　微型计算机硬件系统结构

图 1-3　微处理器的基本组成

微处理器包括运算器和控制器两部分。

1）运算器

（1）算术逻辑单元 ALU（Arithmetic Logic Unit）

ALU 是微型计算机运算部分的核心，在控制信号作用下可完成加、减、乘、除四则运算，还可进行与、或、非和异或等逻辑运算。

（2）累加器 ACC（Accumulator）

ACC 是通用寄存器中的一个，它提供送入 ALU 的两个操作数中的一个，而运算后的结果送回 ACC。因为它与 ALU 联系特别密切，故常把它单列，而不归在通用寄存器组中。

（3）状态寄存器 FR（Flag Register）

FR 用来记录计算机运行的某些重要状态，必要时，根据这些状态控制 CPU 的运行。

（4）寄存器组 RS（Registers）

RS 用来加快运算和处理速度。计算机访问存储器比访问寄存器要慢得多。因此在需要反复使用某些数据或中间结果时，可将其暂时存放在 RS 中，避免反复访问存储器，以提高执行速度。

（5）堆栈和堆栈指针 SP

堆栈是一组寄存器或存储器中的某一指定区域，在计算机中广泛使用"堆栈"作为信息的一种存取方式。在堆栈中，信息的存入（进栈 Push）与取出（弹出 Pop）过程好像仓库中货物的堆放过程，最后存放的货物堆放在顶部，最先取出。这种方式称为"后进先出"或称为"先进后出"。

堆栈指针 SP 用来指示栈顶地址，其初值由程序员设定。向下生长型堆栈，当数据压入堆栈时，SP 自动减 1 指向新的栈顶；当数据从栈中弹出时，SP 自动加 1，同时指向新的栈顶。

2）控制器

（1）程序计数器 PC（Program Counter）

PC 用来记住当前要执行的指令地址码。

（2）指令寄存器 IR（Instructional Register）、指令译码器 ID 与控制信号发生电路

这部分是整个微处理器的指挥控制中心，它控制和协调整个微型计算机有序地工作。根据用户预先编好的程序，在 PC 指导下，依次从存储器中取出各条指令，将指令放在指令寄存器中，通过指令译码确定应该进行什么操作，然后通过控制逻辑在确定的时间，往确定的地方发出控制信号。

2．内存储器

微型计算机系统的内存储器由超大规模集成芯片构成，主要用来存储数据和程序。内存储器的工作过程大致如下：计算机在处理前，预先把程序和原始数据存放于内存储器中，在处理过程中，由它向控制器提供指令代码，然后根据处理需要，随时向运算器提供数据，并且把运算结果或中间结果存储起来。

内存储器一般分为随机存取存储器 RAM（Random Access Memory）和只读存储器 ROM（Read Only Memory）。RAM 可以读出数据和重新写上新的数据；ROM 是事先把数据写入，使用时只能读出，不能改写。

无论是 ROM 还是 RAM，都是按字节组成的存储单元，每个字节有一个地址码与之相对应，通过给定地址码可以随意访问该地址所对应的单元。

计算机存储器系统大部分为 RAM。

3．外存储器

内存储器工作速度较高，和 CPU 的速度基本相匹配，但由于价格的原因，内存储器容量不宜做得太大（通常小于 500 兆字节）；且内存储器上的信息易丢失。为此引入了外存储器，外存储器一般属于外部设备，用来存储 CPU 不急用的信息，它不能直接和 CPU 交换数据，要通过接口电路将信息送到内存储器中，CPU 才能使用。

外存储器的种类很多，目前用得最多的是磁盘存储器（包括硬盘和软盘）、光盘存储器等。

4．输入/输出设备

它是微型计算机与外界通信联系的渠道。常用的输入设备有键盘、卡片、输入机、条形码识别装置、扫描仪等；输出设备有 LED 显示器、CRT、打印机、绘图仪等。

输入/输出设备又称外部设备（简称外设）。

5. 总线（BUS）

微型计算机与小型计算机或大型计算机在结构上有很大的区别，其在于各组成部分之间的连接采用了"总线结构"。

总线实际上是一组导线，一般包括数据总线 DB（Data Bus）、地址总线 AB（Address Bus）和控制总结 CB（Control Bus）三种。

数据总线用来传输数据。8088 CPU 与内部各部分的数据总线是 16 位的，CPU 与存储器、I/O 端口的数据总线是 8 位的，称为准 16 位微处理器。80286 CPU 的内/外数据总线均是 16 位的，是 16 位微处理器。80486 CPU 的数据总线为 32 位，是 32 位微处理器。

地址总线传输地址信息，用来寻址存储单元和 I/O 端口。地址总线的位数决定了系统内存的最大容量。8088/8086 有 20 根地址线，可寻址 2^{20}=1MB 内存，80286 有 24 根地址线。可寻址 2^{24}=16MB 内存。80486 有 32 根地址线，可寻址 2^{32}=4GB 内存。

控制总线用来传输控制信号，对不同的 CPU，控制总线的数量是不一样的。

地址总线通常是单向的，由 CPU 发出地址信息。数据总线是双向的。大部分控制总线是单向的，传输的信号或是 CPU 发出的操作命令，或是其他部件向 CPU 提出的请求信号。

1.2.3　微型计算机软件系统

计算机软件系统包括计算机运行所需的各种程序、数据、文件等。实际中常狭义地把程序与软件等同起来。

软件可分为系统软件和应用软件两大类。

1. 系统软件

管理计算机本身、支持应用软件的开发与运行的软件统称为系统软件。包括：

① 面向计算机管理的软件，如操作系统等；
② 各种语言和它们的汇编或解释、编译程序；
③ 程序库。

（1）操作系统

操作系统是管理计算机系统、协调各模块动作的程序系统。规模较大、功能较强和较为复杂的称为操作系统（如 PC 上运行的）；规模较小、功能较弱和较为简单的称为监控程序（如单板机上运行的）。

操作系统为用户提供一套功能很强的命令——操作系统语言，用户通过命令调用有关程序就能方便高效地使用计算机。操作系统通常都由生产厂家提供。

操作系统实际上是一个相当大的程序系统，它本身又由许多程序组成，包括：

① 管理磁盘的程序；
② 管理输入/输出的程序；
③ 管理 CPU、内存储器的程序；
④ 处理中断的程序；
⑤ 管理程序库、语言处理程序的程序；
⑥ 管理应用程序的程序。

（2）语言处理程序

计算机语言是人与计算机通信的工具，计算机只懂得机器语言程序，即人们用机器指令码来编写的程序。机器语言无明显特征，不好理解和记忆，编写程序时容易出错。

把机器语言的操作码用助记符代替、地址用符号代替，就是汇编语言。汇编语言使指令易于理解和便于交流。当然，用汇编语言编写的程序（称为源程序）必须经过翻译，变成机器码表示的程序（称为目标程序），机器才能识别和执行。这样的翻译过程称为汇编，翻译程序称为汇编程序。对于不同的机器其机器指令是不通用的，即机器语言和汇编语言必须对应机器指令，不能脱离具体的机器，故称为低级语言。

各种高级语言所用语句与实际问题更接近，编写程序更容易，尤其是各种高级语言脱离了具体的机器，具有很强的通用性。目前常用的高级语言有 200 多种，用得较为广泛的有 BASIC、FORTRAN、COBOL、PASCAL 和 C 语言等。

计算机在执行时，也必须将用高级语言编写的源程序翻译成目标程序，这样的翻译程序称为解释程序（如对 BASLL）或编译程序（如对 FORTRAN）。

（3）程序库

为了扩大计算机的功能，便于用户使用，计算机中设置了各种标准的子程序，这些子程序的总和就形成了程序库。

2．应用软件

用户利用计算机及各种系统软件，在各自领域中为解决各种实际问题而开发使用的软件统称为应用软件。比如天气预报中的数据处理、建筑业中的框架设计、企业的财务管理、工厂的仓库管理、学校的辅助教学，等等。

1.2.4　微型计算机的工作过程

计算机之所以能在没有人直接干预的情况下，自动地完成各种信息处理任务，是因为人们事先为它编制了各种工作程序，计算机的工作过程就是执行程序的过程。程序是由一条条指令组合而成的，而指令是以二进制代码的形式出现的，把执行一项信息处理任务的程序代码，以字节为单位，按顺序存放在存储器的一段连续的存储区域内，这就是程序存储的概念。计算机工作时，CPU 中的控制器部分按照程序指定的顺序（由代码段寄存器 CS 及指令指针寄存器 IP 指引），到存放程序代码的内存区域中取指令代码，在 CPU 中完成对代码的分析，然后依据对指令代码的分析结果，适时地向各个部件发出完成该指令功能的所有控制信号，这就是程序控制的概念。程序存储及程序控制的概念是由冯·诺依曼提出的，因此又称为冯·诺依曼概念。

简单地讲，微型计算机系统的工作过程是取指令（代码）→分析指令（译码）→执行指令的不断循环的过程。

1.2.5　微型计算机的主要性能指标

微型计算机的性能由其主板与微处理器、外设配置、总线结构及软件等多种因素决定，应当由各项性能指标进行综合评价。现将微型计算机的主要性能指标分述如下。

1．微处理器字长

在计算机术语中，通常都不用位来表示基本信息单元，而是用一个计算机字（简称字）来表示。微处理器字长就是计算机内部一次可以处理的二进制代码的位数。

字长标志着计算精度，字长越长，它能表示的数值范围越大，计算出的结果的位数就越多，精度也就越高。但字长越长，制造工艺越复杂。微机的字长有 1 位、4 位、8 位、16 位、32 位等多种，相应地就有 1 位机、4 位机、8 位机、16 位机和 32 位机等。

2．微处理器时钟频率（主频）

微处理器时钟频率在很大程度上决定了计算机的运算速度。80486 微处理器的时钟频率为 33～66MHz，Pentium 为 60～133MHz，Pentium MMX 为 230MHz 以上，Pentium Ⅱ 的最高主频为 450MHz，Pentium Ⅲ 的最高主频为 850MHz。

3．微处理器指令执行时间

微处理器指令执行时间反映了微处理器运算速度的快慢。当然，执行不同的指令所需的时间不同，这里的"运算速度"指统计平均速度，即以"百万条指令/秒"（Million Instruction Per Second，MIPS）作为单位，通过运行一个名为 Drystone 的测试程序来测试。8086 微处理器运算速度为 0.4～1.3MIPS，Pentium Ⅲ 的运算速度高达 300MIPS 以上。

4．内存储器容量与速度

内存储器容量是衡量计算机存储二进制信息量大小的一个重要指标。微型机常用字节（B）表示内存储器的容量。$1KB=2^{10}B=1024B$，$1MB=2^{20}B=1024KB$，$1GB=2^{30}B=1024MB$。

内存储器速度用存取周期来衡量，存储器执行一次完整的读/写操作所需的时间称为存取周期。

5．系统总线的传输速率

系统总线的传输速率直接影响计算机输入/输出的性能，它与总线中的数据宽度及总线周期有关，以 MB/s 为单位。

6．外部设备的配备情况

在现代计算机系统中，外部设备占据重要地位。一台计算机配备多少外部设备，或者配有多少外部设备的接口电路，对于程序的研制和系统性能都有重大影响。

允许挂接的外部设备越多，微机的功能就越强。一台功能强大的 8 位机能直接实现对 256 个输入/输出通道的寻址，也就是说，它允许配置近百台外部设备。

一个基本的微机应用系统通常要配置三类常用外设：第一类是常规的人机交互设备，如键盘、鼠标、显示器、打印机等；第二类是常用通信设备，如网卡和调制解调器；第三类是扫描仪。对于多媒体计算机来说，还需要配置声卡、视频捕捉卡、数字相机等。

7．系统软件的配备

软件是计算机系统不可缺少的重要组成部分，它的配备直接关系到计算机的性能好坏、效率高低。软件配备通常包括操作系统、高级语言和汇编语言、应用软件等的配备。

1.3   计算机中数值数据的表示及编码

1.3.1   常用数字

进位计数制（数制）是数的表示方法，是指按进位的方法来进行计数。在日常生活中，最常用的是十进制数。由于用电子器件表示两种状态比较容易实现，且运算最简单，因此在计算机中一般采用二进制数。而二进制数书写格式冗长、不便阅读，所以在程序设计中又往往使用十六进制、八进制数等。

在进位计数制中，常常要用基数（或称底数）来区别不同的数制，而某进位计数制的基数就是该进位计数制所用字符或数码的个数。

1．二进制

二进制数的特点是：具有两个不同的数字符号（基数为二），即 0 和 1；逢二进一，借一当二。

显然同一个数字符号在不同的数位所表示的数值是不同的，即每一位都具有其特定的基值（称为位权或简称权），权由基数的 n 次幂（n 为位数）来确定。每一个数字符号所表示的数值等于该数字符号本身的数值与所在数位的权的乘积。

二进制的权是 2 的 n 次幂，一个二进制数可以用它的按权展开式来表示：

$$(110.01)_2 = 1 \times 2^2 + 1 \times 2^1 + 0 \times 2^0 + 0 \times 2^{-1} + 1 \times 2^{-2}$$

一个任意的二进制数 B 可以表示为

$$(B)_2 = B_{n-1} \times 2^{n-1} + B_{n-2} \times 2^{n-2} + \cdots + B_1 \times 2^1 + B_0 \times 2^0 + B_{-1} \times 2^{-1} + B_{-2} \times 2^{-2} + \cdots + B_{-m} 2^{-m}$$

$$= \sum_{i=-m}^{n-1} B_i \times 2^i$$

2．十六进制

我们知道，在计算机内部，数据均是用二进制数表示的，而大部分微型机的字长（计算机一次能够处理的二进制数的位数）是 4 的整数倍，故在程序编制及系统表述中广泛地采用十六进制数。

十六进制数的特点是：具有 16 个不同的数字符号（基数为 16），即 0、1~9、A~F；逢十六进一，借一当十六。

十六进制的权是 16 的 n 次幂，一个十六进制数可以用它的按权展开式来表示：

$$(5AF.0B)_{16} = 5 \times 16^2 + 10 \times 16^1 + 15 \times 16^0 + 0 \times 16^{-1} + 11 \times 16^{-2}$$

一个任意的十六进制数 D 可以表示为

$$(D)_{16} = D_{n-1} \times 16^{n-1} + D_{n-2} \times 16^{n-2} + \cdots + D_1 \times 16^1 + D_0 \times 16^0 + D_{-1} \times 16^{-1} + D_{-2} \times 16^{-2} + \cdots + D_{-m} \times 16^{-m}$$

$$= \sum_{i=-m}^{n-1} D_i \times 16^i$$

显然，二进制数和十六进制数之间存在着一种特殊关系：$2^4 = 16$。即 1 位十六进制数可以用 4 位二进制数表示，它们之间存在着直接且唯一的对应关系，如表 1-1 所示。

表 1-1　二进制数与十六进制数之间的关系

十进制数	十六进制数	二进制数	十进制数	十六进制数	二进制数
0	0	0000	9	9	1001
1	1	0001	10	A	1010
2	2	0010	11	B	1011
3	3	0011	12	C	1100
4	4	0100	13	D	1101
5	5	0101	14	E	1110
6	6	0110	15	F	1111
7	7	0111	16	10	10000
8	8	1000			

1.3.2　进位计数制之间的转换

1. 十六进制数转换为二进制数

因为 1 位十六进制数可以用 4 位二进制数表示，因此不论是十六进制的整数还是小数，只要把每一位十六进制数用相应的 4 位二进制数代替，就可以转换为二进制数。

例 1.1　$(5AF.0B)_{16}$=（0101　1010　1111．0000　1011）$_2$

　　　　　　　　　　5　　　A　　　F　　　0　　　B

　　　　　　=（010110101111.00001011）$_2$

2. 二进制数转换为十六进制数

二进制数的整数部分由小数点向左每 4 位一分，最前面不足 4 位的在前面补 0；小数部分由小数点向右每 4 位一分，最后面不足 4 位的在后面补 0。然后把每 4 位二进制数用相应的十六进制数代替，即可转换为十六进制数。

例 1.2　$(1100111000110.110011)_2$

　　　　=（0001　1001　1100　0110．1100　1100）$_2$

　　　　　　1　　　9　　　C　　　6　　　C　　　C

　　　　=$(19C6.CC)_{16}$

1.3.3　计算机中有关数值数据表示的常用术语

1. 位（bit）

位是计算机所能表示的最小数据单位，它只能有两种状态"0"和"1"，因此"位"就是一个二进制位。

2. 字节（byte）

每 8 位二进制数称为 1 字节。字节的长度是固定的：1byte = 8bit。可以说字节是一种二进制数长度的计量单位。

3．字（word）

字是计算机进行数据处理的基本单位，即计算机（微处理器通过数据总线）一次能够存取、加工或传送的数据。

4．字长

字长是字的二进制位数。字长是衡量计算机性能的一个重要指标。字长越长，计算机性能越强。

8 位微处理器的字长为 8 位（1 字节）；16 位微处理器的字长为 16 位（2 字节）；32 位微处理器的字长为 32 位（4 字节）；64 位微处理器的字长为 64 位（8 字节）。

1.3.4　机器数和真值

在计算机中，只能表示 0 和 1 两种数码，为表示正数和负数，专门选择 1 位（通常选择最高位）来表示数的符号，称为符号位。规定符号位为"0"时表示正数，为"1"时表示负数。

把一个数在机器中的表示形式（连同符号位在一起）称为机器数；而它原来实际的数值称为机器数真值（简称真值）。机器数只用二进制数表示，而真值可以用任意进制数表示。

机器数具有以下特点：

① 机器数正负号已经数值化了；

② 机器数所能表示数的范围受机器字长的限制；

③ 小数点不能直接标出，需要按一定方式约定小数点的位置。

1.3.5　带符号的二进制数（机器数）的三种表示方法——原码、反码和补码

机器数的数值和符号全都是数码，那么对机器数进行运算时怎样处理呢？为此引出了机器数的三种不同表示方法——原码、反码和补码。为了带符号数的运算方便，目前计算机中实际使用的是补码，研究原码和反码是为了研究补码。

1．原码、反码和补码

（1）原码$[X]_原$

一个数的原码，就是数值部分不变，最高位为符号位，正数的符号用"0"表示，负数的符号用"1"表示。

例 1.3　$X_1 = 67 = +1000011B$

$\qquad X_2 = -67 = -1000011B$

$\qquad [X_1]_原 = 01000011$

$\qquad [X_2]_原 = 11000011$

显然，数 0 的原码有两种不同形式（设字长为 8 位）：

$\qquad [+0]_原 = 00000000$

$\qquad [-0]_原 = 10000000$

（2）反码[X]_反

正数的反码表示与原码相同。

负数的反码表示：最高位为符号位，用"1"表示；其余位（数值位）按位取反。

例 1.4　$X_1 = 83 = +1010011B$

$X_2 = -83 = -1010011B$

$[X_1]_{反} = 01010011$

$[X_2]_{反} = 10101100$

显然，数 0 的反码有两种不同形式（设字长为 8 位）：

$[+0]_{反} = 00000000$

$[-0]_{反} = 11111111$

（3）补码[X]_补

正数的补码表示与原码相同。

负数的补码表示：反码，且在末位（最低位）加 1。

例 1.5　$X_1 = 31 = +0011111B$

$X_2 = -31 = -0011111B$

$[X_1]_{补} = 00011111$

$[X_2]_{反} = 11100000$

$$+\qquad 1$$
_____

$[X_2]_{补} = 11100001$

显然，数 0 的补码只有一种形式（设字长为 8 位）：$[\pm0]_{补} = 00000000$。

$\{[X]_{补}\}_{补} = [X]_{原}$，即 2 次取补等于原码。

利用这一规则，可以方便地求得负数补码的真值。

例 1.6　设$[X]_{补} = 10011011$，求 X 的真值。

$$11100100$$
$$+\qquad 1$$
_____

$[X_{补}]_{补} = 11100101 = [X]_{原}$

则 $X = -1100101B = -101$

（4）小结

① 三种形式的最高位都是符号位。符号位为 0，表示真值为正数，其余位为真值；符号位为 1 表示真值为负数，其余位除原码外，不再是真值。对于反码，按位取反即是真值；对于补码，需按位取反加 1 才是真值。

② 正数的三种形式都是一样的，即$[X]_{原} = [X]_{反} = [X]_{补}$；负数的三种形式各不相同。

③ 8 位二进制数原码、反码和补码所能表示的数值范围是不完全相同的。

原码：$-127 \sim +127$

反码：$-127 \sim +127$

补码：$-128 \sim +127$

④ 数 0 的表示也不尽相同。原码和反码有两种表示方法，补码只有一种表示方式。

2. 补码的加减运算

当负数采用补码表示时，可以将减法转换为加法。因此，在微型计算机中，带符号数一般都以补码的形式在机器中存在和进行运算。这也是引入原码、反码和补码的目的。

（1）与补码加减运算有关的几个概念

① 模。模是计量器的最大容量。一个4位寄存器能够存放0000～1111共计2^4=16个数，因此它的模为2^4。一个8位寄存器能够存放00000000～11111111共计2^8=256个数，因此它的模为2^8。以此类推，16位寄存器的模为2^{16}，32位寄存器的模为2^{32}。

② 有模运算。凡是用器件进行的运算都是有模运算。例如，利用32位的运算器进行运算，当运算结果大于或等于2^{32}时，超出部分被运算器自动丢弃（保存在进位标志寄存器中）。

③ 求补运算。求补运算是指对一补码进行按位取反、末位加1的操作。

下面来看一个例子。

例1.7　　$+X = +75 = +1001011$　　　　$[+X]_补 = 01001011$

　　　　　　　$-X = -75 = -1001011$　　　　$[-X]_补 = 10110101$

对$[+X]_补$按位取反、末位加1：

$$[+X]_补 = 01001011$$
$$10110100$$
$$+　　　1$$
$$\overline{\qquad\qquad\qquad}$$
$$10110101 = [-X]_补$$

对$[-X]_补$按位取反、末位加1：

$$[-X]_补 = 10110101$$
$$01001010$$
$$+　　　1$$
$$\overline{\qquad\qquad\qquad}$$
$$01001011 = [+X]_补$$

可见，通过"求补运算"可以得到该数负真值的补码。

（2）补码的加减运算

① 补码加法规则：两数和的补码等于两数补码的和，即

$$[X+Y]_补 = [X]_补 + [Y]_补$$

其中X、Y可为正数或负数，符号位参与运算。

② 补码减法规则：

$$[X-Y]_补 = [X]_补 + [-Y]_补$$

其中X、Y可为正数或负数，符号位参与运算。

运算时，先求$[X]_补$，再求$[-Y]_补$，然后进行补码的加法运算。

可见，①当符号数用补码表示时，减法运算可以用加法运算来代替。这样，在计算机中就只需设置加法运算器；②符号位与数字位一起参加运算，且自动获得结果（包括符号位与数字位）。

例 1.8　设 $X = 66$，$Y = 51$，以 2^8 为模，求 $X \pm Y$。

解：$[X]_补 = 01000010$

$\qquad [Y]_补 = 00110011$

$\qquad [-Y]_补 = 11001101$

$\qquad [X+Y]_补 = [X]_补 + [Y]_补$

$\qquad\qquad = 01000010+00110011 = 01110101$

$\qquad X+Y = +1110101B = +117$

$\qquad [X-Y]_补 = [X]_补 + [-Y]_补 = 01000010 + 11001101$

$\qquad\qquad = 1\ 00001111$

$\qquad\qquad\qquad\qquad \downarrow$

被运算器丢弃，进位值不能统计在运算结果中。

$\qquad X-Y = +0001111B = +15$

本例虽然进位被丢弃，但 $X-Y$ 不超出补码表示范围，故运算结果为正确的补码。

例 1.9　以 2^8 为模，求 $66+99$，$-66-99$。

解：$[66]_补 = 01000010$

$\qquad [-66]_补 = 10111110$

$\qquad [99]_补 = 01100011$

$\qquad [-99]_补 = 10011101$

$\qquad [66+99]_补 = 01000010 + 01100011$

$\qquad\qquad = 1\ 0100101$

超出补码表示范围，溢出。

$\qquad 66+99 = -1011011B = -91$

$\qquad [-66-99]_补 = 10111110 + 10011101$

$\qquad\qquad = 01011011$

超出补码表示范围，溢出。

$\qquad -66-99 = +1011011B = +91$

本例中 $66+99$、$-66-99$ 均超出补码表示范围，这种情况称为溢出，结果就不正确了。

（3）小结

① 补码的加减运算比原码加减运算简单：减法运算可转换为加法运算；运算时符号位与数值位一起参加运算，并能自动获得正确结果（符合位进位不统计在运算结果中，丢弃不管）。

② 补码运算时，参加运算的两个数均为补码，结果也是补码。欲得真值，还需转换。

③ 要得到正确的结果，必须保证运算结果不超过补码所能表示的最大范围，否则将产生"溢出"错误。

3．溢出及其判断

（1）溢出的概念

如上所述，字长为 n 位的带符号数，用最高位表示符号，其余 $n-1$ 位表示数值，它能表示的补码运算范围为 $-2^{n-1} \sim +2^{n-1}-1$，如果运算结果超出此范围，则称补码溢出，简称溢出。

例如，字长为 8 位的二进制带符号数，其补码范围为$-2^{8-1} \sim +2^{8-1}-1$，即$-128 \sim +127$。如果运算结果超出此范围，就会产生溢出。

例 1.10 已知 $X = 01000000$，$Y = 01000001$，进行补码的加法运算。

$$[X]_补 = 01000000$$
$$+ [Y]_补 = 01000001$$

$$\overline{}$$

$$[X]_补 + [Y]_补 = 10000001$$
$$X + Y = -1111111 \ (-127)$$

两正数相加，其结果应为正数，且为+129，但运算结果为负数（-127），显然是错误的。其原因是和数+129 > +127，超出了 8 位二进制带符号数的补码范围，使数值部分占据了符号位的位置，产生了溢出的错误。

例 1.11 已知 $X = -1111111$，$Y = -0000010$，进行补码的加法运算。

$$[X]_补 = 10000001$$
$$+ [Y]_补 = 11111110$$

$$\overline{}$$

$$[X]_补 + [Y]_补 = 01111111$$
$$X + Y = +127$$

两负数相加，其结果应为负数，且为-129，但运算结果为正数（+127），显然是错误的。其原因是和数-129 < -128，超出了 8 位二进制带符号数的补码范围，产生了溢出的错误。

（2）溢出的判断

判断溢出的方法很多，现列举一二。

① 由例 1.10 和例 1.11 可知，根据参加运算的两个数的符号及运算结果的符号可以判断溢出。

② 利用双进位的状态，即利用符号位相加和数值部分的最高位相加的进位状态来判断，即利用判别式 $V = D_{7C} \oplus D_{6C}$ 来判断。当 $V = 1$，即 D_{7C} 与 D_{6C} "异或"结果为 1 时，表示有溢出；当 $V = 0$，即 D_{7C} 与 D_{6C} "异或"结果为 0 时，表示无溢出。

（3）溢出与进位

进位与溢出是两个不同的概念，两者没有必然的联系，有的运算有进位也有溢出，有的运算无进位却有溢出。

进位是指运算结果的最高位向更高位的进位，如有进位，则 $C_Y = 1$；如无进位，则 $C_Y = 0$。当 $C_Y = 1$；即 $D_{7C} = 1$ 时，若 $D_{6C} = 1$，则 $V = D_{7C} \oplus D_{6C} = 1 \oplus 1 = 0$，无溢出；若 $D_{6C} = 0$，则 $V = D_{7C} \oplus D_{6C} = 1 \oplus 0 = 1$，有溢出。在例 1.10 中，虽无进位却有溢出；例 1.11 中，既有进位也有溢出。

1.3.6 定点数和浮点数

在计算机中，不仅要处理整数运算，还要处理小数运算，如何处理小数点位置是十分重要的。经常用定点法和浮点法来表示小数点的位置。

1. 定点表示法

定点表示法就是小数点位置在数中固定不变。一般来说，小数点位置固定在哪个位置上并无限制，但在计算机中有两种定点数是最常用的：定点小数和定点整数。

（1）定点小数

小数点固定在最高数值位左边、符号位右边；小数点本身不占位。其格式如下：

（2）定点整数

小数点固定在最低数值位右边；小数点本身不占位。其格式如下：

定点数的这两种表示方法在计算机中均有采用。采用哪种方法，需事先约定。

由于这两种表示方法小数点本身均不占位（隐含），因此定点整数和定点小数在形式上毫无差别，要注意它们的真值是不相同的。

由于定点数小数点的位置固定不变，因此运算起来很不方便。对所有原始数据要用比例因子化成小数或整数，运算结果又要用比例因子折算成真值。此外，用定点表示法表示的数范围小、精度低。因此计算机中往往采用浮点表示法表示小数。

2．浮点表示法

（1）浮点表示法

一个二进制带小数的数可以写成多种等价形式，例如：

$$\pm101110.0011 = \pm1.011100011\times2^{+5}$$
$$= \pm0.1011100011\times2^{+6}$$
$$= \pm0.01011100011\times2^{+7}$$
$$= \pm1011100011\times2^{-4}$$

写成一般形式：$\pm S\times2^{\pm J}$。

这种用阶码（J）和尾数（S）两部分共同表示一个数的表示方法称为数的浮点表示法。

阶码表示了小数点的实际位置。例如：

$$0.01011010101\times2^{+7} = 101101.0101$$

阶码为+7，表示把尾数的小数点向右移动 7 位，就是小数点的实际位置。

$$1011010101\times10^{-4} = 101101.0101$$

阶码为-4，表示把小数点向左移动 4 位就是小数点的实际位置。

（2）规格化的浮点数

尾数为纯小数，且小数点后面是 1 而不是 0，阶码为整数（正整数或负整数）的浮点数称为规格化的浮点数。

例如，$\pm0.1011010101\times2^{+6}$ 是规格化的浮点数。

（3）浮点机器数

计算机存储浮点数的格式是唯一的，取决于计算机厂商。常用格式如下（字长 8 位、16 位或 32 位二进制数）：

阶符	阶码	尾符	尾数

小数点约定位置（隐含）

1 位存放阶符	若干位存放阶码	1 位存放尾符（数符）	
0：阶码为正数	阶码为整数	0：尾数为正数	若干位为尾数
1：阶码为负数		1：尾数为负数	尾数为纯小数

可见，浮点数由带符号的阶码和尾数两部分组成。阶码和尾数可以采用相同的码制，也可以采用不同的码制。

例 1.12 设字长为 16 位，阶符为 1 位，阶码为 4 位，尾符为 1 位，尾数为 10 位，把 $X = -101101.0101$ 写成规格化的浮点补码数（阶码和尾数均用补码表示）。

解 X 的浮点真值数：$X = -0.1011010101 \times 2^{+6}$。

则其规格化的浮点补码数为

0	0110	1	0100101011
阶符	阶码	尾符	尾数

1.3.7　BCD 码

数在送入机器之前，习惯采用十进制数，运算结果也以十进制数输出。这就要求在输入时将十进制数转换成二进制数，在输出时将二进制数转换成十进制数，因而产生了二进制编码的十进制数（Binary Coded Decimal），简称 BCD 码，即用 4 位二进制代码来表示 1 位十进制数。

由于 4 位二进制数（0000～1111）可以表示 16 个数，而十进制数只有 10 个数码，因此 BCD 码的表示方法可以很多，通常采用 0～9 各数字所对应的二进制数作为代码，称为 8421BCD 码，简称 NBCD 码，如表 1-2 所示。

表 1-2　NBCD 码

十进制数	NBCD 码	十进制数	NBCD 码
0	0000	9	1001
1	0001	10	0001　0000
2	0010	11	0001　0001
3	0011	12	0001　0010
4	0100	13	0001　0011
5	0101	14	0001　0100
6	0110	15	0001　0101
7	0111	16	0001　0110
8	1000	17	0001　0111

可见 NBCD 码与十进制数对应的关系十分直观，转换也十分简单，只需将十进制数的各位数字用与之对应的一组 4 位二进制数代替即可。

注意：BCD 码有 10 个不同的数字符号，且逢十进位，即它实质上是十进制数，只是用二进制编码来表示 10 个不同的数字符号而已。

1.4 计算机中非数值数据的表示

计算机除了能对数值数据进行处理（主要是进行各种数学运算），对于诸如文字、图画、声音等信息也能进行处理，它们在计算机内部也必须表示成二进制形式，统称为非数值数据。

1. 西文信息的表示

西文由英文字母、数码、标点符号及一些特殊符号所组成，它们统称为字符（Character）。

目前国际上使用的字母、数码和符号的信息编码系统种类很多，微型机中普遍采用美国国家信息交换标准代码即 ASCII（American Standard Code for Information Interchange）码，编码表如表 1-3 所示。

表 1-3 ASCII 码字符表

低位 高位	0 0000	1 0001	2 0010	3 0011	4 0100	5 0101	6 0110	7 0111	8 1000	9 1001	A 1010	B 1011	C 1100	D 1101	E 1110	F 1111
0 0000	NUL	SOH	STX	ETX	EOT	ENG	ACK	BEL	BS	HT	LF	VT	FF	CR	SO	SI
1 0001	DLE	DC1	DC2	DC3	DC4	NAK	SYN	ETB	CAN	EM	SUB	ESC	FS	GS	RS	US
2 0010	SP	!	"	#	$	%	&	'	(	)	*	+	,	−	。	/
3 0011	0	1	2	3	4	5	6	7	8	9	:	;	<	=	>	?
4 0100	@	A	B	C	D	E	F	G	H	I	J	K	L	M	N	O
5 0101	P	Q	R	S	T	U	V	W	X	Y	Z	[	\	]	↑	←
6 0110	`	a	b	c	d	e	f	g	h	i	j	k	l	m	n	o
7 0111	p	q	r	s	t	u	v	w	x	y	z	{			}	~	DEL

ASCII 码是一种 8 位代码，最高位用于奇偶校验，7 位用来表示字符信息，共可表示 $2^7=128$ 个字符，其中 34 个起控制作用的称为功能码，其余 94 个符号（10 个十进制数码、52 个英文大小写字母和 32 个专用符号）供书写程序和描述命令用，称为信息码。

94 个信息码因是可打印（或显示）的字符，又称为图形字符。32 个功能码因在传输、打印或显示输出时起控制作用，又称为控制字符。

我国于 1980 年制定的《信息处理交换器的七位编码字符集》，即国家标准 GB1988—1980，除用人民币符号"￥"代替美元符号"$"外，其余含义都与 ASCII 码相同。

2．中文信息的表示

中文的基本组成单位是汉字，汉字也是字符。西文字符集的字符总数不过几百个，使用 7 位或 8 位二进制编码即可表示。目前汉字总数超过 6 万个，用 8 位编码来表示远远不够。我国于 1981 年公布了国家标准《信息交换用汉字编码基本字符集》（GB2312—1980），该标准定出了一级和二级汉字字符集，并规定了编码。

该标准字符集共收录汉字和图形符号 7445 个，其中包括：

① 一般符号 202 个，包括间隔符、标点符、运算符、单位符和制表符等。

② 序号 60 个。

③ 数字 22 个（0～9，I～XII）。

④ 英文字母 52 个。

⑤ 日文假名 169 个。

⑥ 希腊字母 48 个。

⑦ 俄文字母 66 个。

⑧ 汉语拼音符号 26 个。

⑨ 汉语拼音字母 37 个。

⑩ 汉字 6763 个（其中一级 3755 个，二级 3008 个）。

该标准还规定：该字符集中任何一个图形、符号及汉字都用两个 7 位字节表示（计算机中用两个 8 位字节，最高位为 0）。

为了使汉字的编码与 ASCII 码区别开，在机器中，汉字都是以汉字机内码（内码）的形式存储和传输的。内码就是将汉字国标码 2 字节的最高位置 1。一种机器常用若干种汉字输入方式（若干种输入码），但其内码是统一的。

3．计算机中图、声、像的表示

计算机除了能处理汉字、字符、数据，还能处理声音、图形和图像等各种信息。能处理声音、图形和图像等多种感觉媒体的计算机称为多媒体计算机。

在多媒体计算机中，声音、图形和图像等多种感觉媒体，也是采用二进制编码来表示的。首先，把声音、图形和图像等各种模拟信号经过采样、量化和编码转换成数字信号（模/数转换）；由于数字化后信息量非常大，为了节省存储空间、提高处理速度，往往要经过压缩后再存储到计算机中。这些数字信号经过计算机处理后，还需经过还原（解压缩）、数/模转换（把数字信号转换为声音、图形和图像等模拟信号）才能再现原来的信息，如通过扬声器播放声音，通过显示器显示画面等。

习题一

1.1　微型计算机经过了哪些主要发展阶段？

1.2　什么是微处理器？什么是微型计算机？什么是微型计算机系统？

1.3　什么是位、字节、字和字长？

1.4　通用微型计算机硬件系统结构是怎样的？请用示意图表示并说明各部分作用。

1.5　通用微型计算机软件包括哪些内容？

1.6　写出下列二进制数的原码、反码和补码（设字长为 8 位）。

（1）+011001　　　　　（2）-100100　　　　　（3）-111111

1.7　当下列二进制数分别代表原码、反码和补码时，其等效的十进制数值为多少？

（1）00110101　　　　　（2）10010011　　　　　（3）11111111

1.8　已知 $X_1 = +0011011$，$Y_1 = +0100100$，$X_2 = -0010110$，$Y_2 = -0100101$，试计算下列各式（设字长 8 位）。

（1）$[X_1 + Y_1]_{补}$　　　　（2）$[X_1 - Y_1]_{补}$　　　　（3）$[X_2 - Y_2]_{补}$

1.9　用补码完成下列运算（设字长为 8 位）。

（1）70 + 65　　　　　（2）70 - 65　　　　　（3）-70 - 65

1.10　将下列各数转换成 BCD 码。

（1）$(20)_{10}$　　　　　（2）0100110B　　　　　（2）26H

第2章 微处理器

2.1 8086/8088 微处理器结构

8086 和 8088 微处理器是 Intel 公司推出的第三代微处理器芯片，它们的内部结构基本相同，都采用 16 位结构进行操作及存储器寻址，但外部性能有所差异，两种微处理器都封装在相同的 40 脚双列直插组件（DIP）中。其中 8088 微处理器是一种准 16 位微处理器，其内部寄存器、内部操作等均按 16 位微处理器设计，与 8086 微处理器不同的是，其对外的数据线只有 8 位，目的是为了方便与 8 位 I/O 接口芯片相兼容。与上一代微处理器相比，8088 具有如下特点。

1. 建立 4 字节的指令预取队列

以前的 8 位微处理器的工作过程是：通过总线从存储器中取出一条指令，然后执行该指令。在这种工作方式中，总线的利用率是很低的。如微处理器执行一条 INC A 指令。微处理器从存储器中取出 INC A 指令操作码之后，在该指令执行过程中，只对内部寄存器进行操作，外部的总线是空闲的。为此在 8088 微处理器中，设置了一个 4 字节的指令预取队列，微处理器要执行的指令是从队列中取得的，而取指的操作是由总线接口单元承担的。因此将取指令和执行指令这两个操作分别由两个独立的功能单元来完成。一旦总线接口单元发现队列中有 2 字节以上的空位置，就会自动地到存储器中取两个指令代码填充到指令预取阶队列中。这样，8088 微处理器取指令和执行指令就可以并行进行，从而提高了微处理器的指令执行速度，并使得总线利用率有了明显的提高。

2. 设立地址段寄存器

8088 微处理器内部的地址线只有 16 位，因此能够由 ALU 提供的最大地址空间只能为 64KB。为了扩大 8088 微处理器的地址宽度，将存储器的空间分成若干段，每段为 64KB。另外，在微处理器中还设立一些段寄存器，用来存放段的起始地址（16 位）。8088 微处理器实际地址是由 16 位段地址和微处理器提供的 16 位偏移地址，按一定规律相加而形成的 20 位地址（$A_0 \sim A_{19}$），从而使 8088 微处理器的地址空间扩大到 1MB。

3. 在结构上和指令设置方面支持多微处理器系统

众所周知，利用 8088 的指令系统进行复杂的运算，如多字节的浮点运算，超越函数的运算等，往往是很费时间的。为了弥补这一缺陷，人们开发了专门用于浮点运算的协处理器 8087。将 8088 和 8087 结合起来，就可以组成运算速度很快的处理单元。为此，8088 微处理器在结构和指令方面都已考虑了能与 8087 协处理器相连接的措施。

2.1.1　8086/8088 微处理器内部结构

8086/8088 微处理器内部分为两个部分：执行单元（EU）和总线接口单元（BIU）（见图 2-1）。EU 负责指令的执行，它包括 ALU（运算器）、通用寄存器和状态寄存器等，主要进行 16 位的各种运算及有效地址的计算。BIU 负责存储器和 I/O 设备的接口，它由段寄存器、指令指针、地址加法器和指令队列缓冲器组成。地址加法器将段和偏移地址相加，生成 20 位的物理地址。两个单元相互独立，分别完成各自操作，两个单元可以并行执行，实现指令读取和执行的流水线操作。

图 2-1　8086/8088 的内部功能结构

1. 总线接口单元

总线接口单元（Bus Interface Unit，BIU）由 1 个 20 位地址加法器、4 个 16 位段寄存器、1 个 16 位指令指针 IP、指令队列缓冲器和总线控制逻辑电路等组成。8086 微处理器的指令队列由 6 字节构成。

① 地址加法器与段寄存器。地址加法器将 16 位的段寄存器内容左移 4 位，与 16 位偏移地址相加，形成 20 位的物理地址。

② 16 位指令指针 IP。指令指针 IP 用来存放下一条要执行指令在代码段中的偏移地址。

③ 指令队列缓冲器。当 EU 正在执行指令，且不需占用总线时，BIU 会自动地进行预取指令操作，将所取得的指令按先后次序存入一个 6 字节的指令队列寄存器，该队列寄存器按"先进先出"的方式工作，并按顺序取到 EU 中执行。

④ 总线控制逻辑电路。以逻辑控制方式实现总线上的信息传递，如信息分时传送等。

2．执行单元

① 算术逻辑运算单元。它是一个 16 位的运算器（ALU），可用于 8 位、16 位二进制算术和逻辑运算，也可按指令的寻址方式计算寻址存储器所需的 16 位偏移量。

② 通用寄存器组。它包括 4 个 16 位的数据寄存器（AX、BX、CX、DX）和 4 个 16 位指针与变址寄存器（SP 堆栈指针、BP 基数指针与 SI、DI）。

③ 状态寄存器。它是一个 16 位的寄存器，用来反映微处理器运算的状态特征及存放某些控制标志。

④ 控制电路。它负责从 BIU 的指令队列缓冲器中取指令，并对指令译码，根据指令要求向 EU 内部各部件发出控制命令，以完成各条指令规定的功能。

2.1.2　8086/8088 寄存器结构

在 8086/8088 微处理器中，内部寄存器可以分成以下几种。

（1）数据寄存器

数据寄存器用来存放计算的结果和操作数，8086/8088 微处理器有 4 个 16 位的数据寄存器，可以存放 16 位的操作数。其中 AX 为累加器，其他 3 个尽管也可以存放 16 位操作数，但它们的用途都有区别。当需要时，4 个 16 位的寄存器可分为 8 个 8 位寄存器来用，这样就大大增加了使用的灵活性。每个寄存器又有它们各自的专用目的，具体如下：

AX——16 位累加器，使用频率最高，用于算术、逻辑运算，以及与外设传送信息等；也可作为 8 位累加器 AH、AL 使用，AH 是 AX 的高 8 位，AL 是 AX 的低 8 位。

BX——基址寄存器，常用作基址指针，指向一批连续存放操作数的基地址。

CX——计数器，作为循环和串操作等指令中的隐含计数器。

DX——数据寄存器，用来存放外设端口的 16 位地址，或双字长数据的高 16 位。

（2）指针寄存器

指针寄存器用于寻址内存堆栈内的数据，8086/8088 微处理器的指针寄存器有两个：SP 和 BP。SP 是堆栈指针寄存器，指示栈顶的偏移地址，由它和堆栈段寄存器一起来确定堆栈在内存中的位置。SP 不能再用于其他目的，具有专用性。BP 是基数指针寄存器，表示数据在堆栈段中的基地址，存放位于堆栈段中的一个数据区基地址的偏移地址。SP/BP 寄存器与堆栈段寄存器 SS 联合使用以确定堆栈段中的存储单元地址。

（3）变址寄存器

变址寄存器的作用是为存储器寻址时提供地址，SI 是源变址寄存器，DI 是目的变址寄存器，都用于指令的变址寻址。顾名思义，SI 通常指向源操作数，DI 通常指向目的操作数。在串操作类指令中，SI 和 DI 具有特别的用途。

表 2-1 列出了部分寄存器的特殊用途。

表 2-1 寄存器的特殊用途

寄 存 器 名	特 殊 用 途	隐 含 性 质
AX	在 I/O 指令中作数据寄存器；	不能隐含
	在乘法指令中作被乘数或乘积，在除法指令中存放被除数或商	隐含
AH	在 LAHF 指令中，作目的操作数寄存器	隐含
AL	在 XLAT 指令中作累加器	隐含
BX	在间接寻址中作基址寄存器；	不能隐含
	在 XLAT 指令中作基址寄存器	隐含
CX	在循环指令和串操作指令中作计数器	隐含
CL	在移位指令中作移位次数寄存器	不能隐含
DX	在字乘法/除法指令中存放乘积高位/被除数高位或余数；	隐含
	在 I/O 指令中作间接寻址寄存器	不能隐含
SI	在间接寻址中作变址寄存器；	不能隐含
	在串操作指令中作为源变址寄存器	隐含
DI	在间接寻址中作变址寄存器；	不能隐含
	在串操作指令中作为目的变址寄存器	隐含
BP	在间接寻址中作基址指针	不能隐含
SP	在堆栈操作中作堆栈指针	隐含

（4）控制寄存器

8086/8088 微处理器的控制寄存器有两个：IP 和 PSW。IP 是指令指针寄存器，指示代码段中指令的偏移地址，用来控制微处理器的指令执行顺序。它与代码段寄存器 CS 联合使用，确定下一条指令的物理地址，计算机通过 CS、IP 两个寄存器来确定当前要读取指令的地址，从而控制指令序列的执行流程。顺序执行程序时，微处理器每取一个指令字节，IP 自动加 1，指向下一个要读取的字节。当 IP 单独改变时，会发生段内转移。当 CS 和 IP 同时改变时，会产生段间的程序转移。IP 寄存器是一个专用寄存器，用户不能直接访问。PSW 是处理机状态字，也称为状态寄存器或标志寄存器，用来存放 8086/8088 微处理器在工作过程中的状态，用于反映指令执行结果或控制指令执行形式。PSW 各位标志如图 2-2 所示。

图 2-2 PSW 各位标志

状态寄存器 PSW 是一个 16 位的寄存器，空着的各位暂未使用。8086/8088 微处理器中所用的 9 位对帮助我们了解 8086/8088 微处理器的工作和用汇编语言编写程序是很重要的。这些标志位的含义如下：

C——进位标志位。做加法时出现进位或做减法时出现错位，该标志位置 1；否则清零。

P——奇偶标志位。当结果的低 8 位中 1 的个数为偶数时，该标志位置 1；否则清零。

A——半加标志位。在加法时，当 3 位需向 4 位进位，或在减法时 3 位需向 4 位借位时，该标志位置 1；否则清零。该标志位通常用于对 BCD 算术逻辑结果进行调整。

Z——零标志位。运算结果各位都为 0 时，该标志位置 1；否则清零。

S——符号标志位。当运算结果的最高位为 1，该标志位置 1；否则清零。

T——陷阱标志位（单步标志位）。当该位置 1 时，8086/8088 微处理器进入单步指令工作方式。在每条指令开始执行以前，微处理器总是先测试 T 标志位是否为 1。如果为 1，那么在本指令执行后将产生陷阱中断，从而执行陷阱中断处理程序。该程序的首地址由内存的00004H～00007H4 单元提供。该标志通常用于程序的调试。例如，在系统调试软件 DEBUG 中的 T 命令，就是利用它来进行程序的单步跟踪。

I——中断允许标志位。如果该位置 1，则微处理器可以响应可屏蔽中断；否则就不能响应可屏蔽中断。

D——方向标志位。当该位置 1 时，串操作指令为自动减量指令，即从高地址到低地址处理字符串；否则串操作指令为自动增量指令。

O——溢出标志位。在算术运算中，当带符号的数的运算结果超出了 8 位或 16 位带符号数所能表达的范围时，即字节运算大于+127 或小于-128，字运算大于+32767 或小于-32768 时，该标志位置 1。

（5）段寄存器

8086/8088 微处理器具有 4 个段寄存器：代码段寄存器 CS、数据段寄存器 DS、堆栈段寄存器 SS 和附加段寄存器 ES。这些段寄存器的内容与有效的地址偏移量一起可确定内存的物理地址。通常 CS 划定并控制程序区，DS 和 ES 控制数据区，SS 控制堆栈区。

（6）标志的作用

指令的执行与标志有很大关系，标志分为两类：

● 状态标志——用来记录程序运行结果的状态信息，许多指令的执行都将自动地改变它。状态标志包括 CF、SF、PF、OF、AF 和 ZF。

● 控制标志——可由用户根据需要用指令进行设置，用于控制处理器的具体工作方式。控制标志包括 DF、IF 和 TF。

① 进位标志 CF（Carry Flag）

当运算结果的最高有效位有进位（加法）或借位（减法）时，进位标志置 1，即 CF = 1；否则 CF=0。例如（以 8 位运算为例，8086 中为 16 位）：

3AH + 7CH = B6H　　　　没有进位：CF = 0
AAH + 7CH = 26H　　　　有进位：CF = 1

② 符号标志 SF（Sign Flag）

运算结果最高位为 1，则 SF = 1；否则 SF = 0。例如：

3AH + 7CH = B6H　　　　　　最高位 D_7 = 1：SF = 1
86H + 7AH = 00H　　　　　　最高位 D_7 = 0：SF = 0

有符号数利用最高有效位（MSB）来表示它的符号。所以，运算结果的 MSB 与符号标志 SF 相一致。

③ 奇偶标志 PF（Parity Flag）

当运算结果最低字节中"1"的个数为零或偶数时，PF = 1；否则 PF = 0（奇校验）。例如：3AH + 7CH = B6H = 10110110B，结果中有 5 个 1，是奇数，则 PF = 0。

注意：PF 标志仅反映最低 8 位中"1"的个数是偶或奇，即使是进行 16 位字操作。

④ 溢出标志 OF（Overflow Flag）

若算术运算的结果有溢出，则 OF = 1；否则 OF = 0。例如：

3AH + 7CH = B6H　　产生溢出：OF = 1

AAH + 7CH = 26H　　没有溢出：OF = 0

处理器内部以补码表示有符号数，8 位补码表示的整数范围是-128～+127，16 位补码表示的范围是-32768～+32767，如果运算结果超出这个范围，就产生了溢出，有溢出，说明有符号数的运算结果不正确。49H + 6DH = B6H，就是 73 + 109 = 182，已经超出-128～+127 范围，产生溢出，故 OF = 1；另一方面，补码 B6H 表示的真值是-74，显然运算结果也不正确。溢出标志 OF 和进位标志 CF 是两个意义不同的标志。进位标志表示无符号数运算结果是否超出范围，运算结果仍然正确。溢出标志表示有符号数运算结果是否超出范围，运算结果不正确。下面是溢出和进位的对比。

49H + 6DH=B6H

无符号数运算：　　73 + 109 = 182　　　　　范围内，无进位

有符号数运算：　　73 + 109 = 182　　　　　范围外，有溢出

BBH + 6AH = 25H

无符号数运算：　　187 + 106 = 293　　　　　范围外，有进位

有符号数运算：　　-69 + 106 = 37　　　　　范围内，无溢出

判断运算结果是否溢出有一个简单的规则：只有当两个相同符号数相加（包括不同符号数相减），而运算结果的符号与原数据符号相反时，才产生溢出，因为此时的运算结果显然不正确。其他情况下，则不会产生溢出。

⑤ 零位标志 ZF（Zero Flag）

若运算结果为零，则 ZF = 1；否则 ZF = 0。

⑥ 辅助进位标志 AF（Auxiliary Carry Flag）

运算时 D3 位（低半字节）有进位或借位时，AF = 1；否则 AF = 0。例如：

3AH + 7CH = B6H　　　　D3 向前有进位：AF = 1

这个标志主要由处理器内部使用，用于十进制算术运算的调整，用户一般不必关心。

⑦ 方向标志 DF（Direction Flag）

用于串操作指令中，控制地址的变化方向。设置 DF = 0，串操作后存储器地址自动增量（增址）；设置 DF = 1，串操作后存储器地址自动减量（减址）。

CLD 指令复位方向标志：DF = 0；STD 指令置位方向标志：DF = 1。

⑧ 中断允许标志 IF（Interrupt-enable Flag）

用于控制外部可屏蔽中断是否可以被处理器响应。设置 IF = 1，允许中断；设置 IF = 0，禁止中断。

CLI 指令复位中断标志：IF = 0；STI 指令置位中断标志：IF = 1。

⑨ 陷阱标志 TF（Trap Flag）

用于控制处理器是否进入单步执行方式。设置 TF = 0，处理器正常工作；设置 TF = 1，处理器每执行一条指令就中断一次，中断编号为 1（称单步中断），TF 也称为单步标志。利用单步中断可对程序进行逐条指令的调试。这种逐条指令调试程序的方法就是单步调试。

DEBUG 中部分标志位的符号表示如表 2-2 所示。

表 2-2　DEBUG 中部分标志位的符号表示

标 志 位 名	置位符号（=1）	复位符号（=0）
溢出标志 OF	OV	NV
方向标志 DF	DN	UP
中断允许标志 IF	EI	DI
符号标志 SF	NG	PL
零位标志 ZF	ZR	NZ
辅助进位标志 AF	AC	NA
奇偶标志 PF	PE	PO
进位标志 CF	CY	NC

8086 微处理器中可供编程使用的有 14 个 16 位寄存器，按其用途可分为 3 类：通用寄存器、段寄存器、控制寄存器，如图 2-3 所示。

图 2-3　8086 微处理器内部寄存器

2.1.3　8086/8088 存储器与 I/O 编址

1．存储器地址空间和数据存储方式

物理存储器：实际存在的、具体的存储器芯片。

存储器地址空间（寻址空间）：存储器地址的范围。

规则字：字的地址为偶地址。

非规则字：字的地址为奇地址。

2．存储器的分段结构和物理地址的形成

8086 微处理器有 20 条地址线，最大可寻址空间为 $2^{20}=1MB$，可寻址的地址范围为 00000H～FFFFFH，该地址称为物理地址，硬件用 20 位的物理地址（见图 2-4）来对存储单元进行寻址。由于 8086 中的地址寄存器都是 16 位的，用户不能直接使用 20 位的物理地址，编程时需要使用逻辑地址来寻址存储单元。逻辑地址由两个 16 位数构成，其形式为：段的起始

地址（16 位段地址）：段内的偏移地址（16 位偏移量）。

图 2-4 8086 物理地址的形成

8086 微处理器将存储空间分为多个逻辑段（Segment）来进行管理，要求段的 20 位起始地址（xxxxxH）的低 4 位必须为 0（xxxx0H），所以可以将它们省略，然后用 1 个 16 位数来表示段的起始地址；每段长度为 $2^{16} = 64\text{KB}$，所以段内偏移地址可以用 1 个 16 位数来表示（xxxxH），如图 2-5 所示。因此，逻辑地址可表示为：段的起始地址（16 位段地址）：段内的偏移地址（16 位偏移量）。

图 2-5 逻辑地址的表示——段的起始地址：偏移地址

1MB 最多可分为 16 个不重叠的段。实际上，两个不同的逻辑段可以交叠，或者完全重叠。一个存储单元可以拥有多个逻辑地址，但只可能拥有唯一的物理地址。例如，物理地址00200H，其逻辑地址可以是 0000H：0200H 或 0020H：0000H。每个存储单元都有唯一的 20位物理地址（00000H～FFFFFH），该地址在指令执行时由地址加法器形成，并进行硬件寻址。地址加法器的具体做法：段地址左移 4 位，然后加上偏移地址就得到 20 位物理地址。用户编程时采用逻辑地址，即段的起始地址：段内的偏移地址，它们由两个 16 位的无符号数构成。逻辑地址 1460H：100H ＝ 物理地址 14700H。一个具体的存储单元可以只属于一个逻辑段，也可以同时属于多个逻辑段。只要给出其段的起始地址和段内的偏移地址就可以对它进行访问。图 2-6 所示是这种分段的一个例子。

图 2-6　存储器分段示意图

3. 数据的存储格式

计算机中信息的单位有：位（bit）、字节（byte）、字（word）、双字（double word）等。在存储器中，信息的存储单元是字节。存储的数据如果边界对齐，则存取速度较快，多字节的数据采取小端方式存储。

位（bit）表示 1 位二进制数：0 或 1。字节（byte）表示 8 位二进制数：$D_7 \sim D_0$。字（word）表示 16 位/2 字节二进制数：$D_{15} \sim D_0$。双字（double word）表示 32 位/4 字节二进制数：$D_{31} \sim D_0$。最低有效位 LSB（Least Significant Bit）指数据的最低位，即 D_0 位；最高有效位 MSB（Most Significant Bit）指数据的最高位，对应字节、字、双字分别指 D_7、D_{15}、D_{31} 位。每个存储单元都有一个编号——存储器地址，每个存储单元存放 1 字节的内容。例如，如图 2-7 所示，0002H 单元存放有一个数据 34H，[0002H]=34H。

图 2-7　8086 微处理器的存储格式

小端方式是指，多字节数据在存储器中占据多个连续的存储单元。存放时，低字节存于低地址，高字节存于高地址；多字节数据占据的地址空间用其低地址来表示。例如，2 号"字"单元：[0002H] = 1234H；2 号"双字"单元：[0002H] = 78561234H。80X86 处理器的"低对低、高对高"的存储形式称为"小端方式"。相对应地还存在"大端方式"。数据的地址对齐同一个存储器地址可以表示为：字节单元地址、字单元地址、双字单元地址等（视指令的具体情况）。将字单元安排在偶地址（xx…xx0 B），将双字单元安排在模 4 地址（xx…xx00 B）的形式称为"地址对齐"。对于地址不对齐的数据，处理器访问时，需要付出额外的访问时间。要取得较快的存取速度，应该将数据的地址对齐。

4. I/O 端口编址

80X86 系统和外部设备之间进行数据传输时,各类信息在接口中将进入不同的寄存器,一般称这些寄存器为 I/O 端口;每个端口分配一个地址号,称为端口地址,微处理器通过指令对它们进行访问。I/O 端口分为数据端口、状态端口和命令端口。接口电路占用的 I/O 端口有两类编址形式:I/O 端口独立编址和 I/O 端口与存储器统一编址。I/O 端口独立编址,如 8086/8088,优点是 I/O 端口的地址空间独立,不占用内存空间,指令的执行速度快;缺点是 I/O 指令没有存储器指令丰富,指令功能较弱。I/O 端口与存储器统一编址,它们共享一个地址空间,如 MC6800,优点是不需要专门的 I/O 指令,I/O 数据存取与存储器数据存取一样灵活;缺点是 I/O 端口要占去部分存储器地址空间,寻址速度比专用的 I/O 指令慢。

2.1.4 8086 微处理器总线周期的概念

(1)时钟周期

执行指令的一系列操作都是在时钟脉冲 CLK 的统一控制下逐步进行的,一个时钟脉冲时间称为一个时钟周期(Clock Cycle)。时钟周期由计算机的主频决定,是微处理器的定时基准,例如,8086 的主频为 5MHz,则 1 个时钟周期为 200ns。

(2)总线周期

8086 微处理器与外部交换信息总是通过总线进行的。微处理器从存储器或外设存或取 1 字节或字所需的时间称为总线周期(Bus Cycle)。一个基本的总线周期由 4 个时钟周期组成,分别称为 T_1、T_2、T_3 和 T_4 时钟周期,或 T 状态(State),具体说明如下:

- 一个总线周期完成一次数据传输;
- T_1 由微处理器输出地址;
- $T_2 \sim T_4$ 传送数据;
- 慢速设备若在 3 个时钟周期(T)内无法完成数据传输,则在 T_3 与 T_4 之间插入一个或多个等待周期 T_W;
- 若总线上无数据传输操作,系统总线处于空闲状态,则执行空闲周期 T_i。

(3)指令周期

一条指令的执行包括取指令、分析指令和执行指令。一条指令从开始取指令到最后执行完毕所需的时间称为一个指令周期。一个指令周期由一个或若干个总线周期组成。

2.2 8086/8088 微处理器引脚功能

8086/8088 微处理器芯片都是双列直插式集成电路芯片(见图 2-8),都有 40 个引脚,其中 32 个引脚在两种工作模式下的名称和功能是相同的,还有 8 个引脚在不同的工作模式下,具有不同的名称和功能。下面,主要通过 8086 微处理器来介绍这些引脚的输入/输出信号及其功能。

8086 微处理器芯片是 40 引脚双列直插式(DIP)封装,引脚图如图 2-9 所示。

```
        地 ── 1          40 ── V_CC（5V）
     AD₁₄ ── 2          39 ── AD₁₅
     AD₁₃ ── 3          38 ── A₁₆/S₃
     AD₁₂ ── 4          37 ── A₁₇/S₄
     AD₁₁ ── 5          36 ── A₁₈/S₃
     AD₁₀ ── 6          35 ── A₁₉/S₆
      AD₉ ── 7          34 ── BHE/S₇
      AD₈ ── 8          33 ── MN/MX
      AD₇ ── 9          32 ── RD
      AD₆ ── 10  8086   31 ── HOLD（RQ/GT₀）
      AD₅ ── 11 微处理器 30 ── HLDA（RQ/GT₁）
      AD₄ ── 12         29 ── WR（LOCK）
      AD₃ ── 13         28 ── M/IO（S₂）
      AD₂ ── 14         27 ── DT/R（S₁）
      AD₁ ── 15         26 ── DEN（S₀）
      AD₀ ── 16         25 ── ALE（QS₀）
      NMI ── 17         24 ── INTA（QS₁）
     INTR ── 18         23 ── TEST
      CLK ── 19         22 ── READY
      GND ── 20         21 ── RESET
```

8086 的引脚信号
（其中括号中为最大模式时引脚名）

图 2-8　8086/8088 微处理器芯片　　　　　图 2-9　8086 微处理器芯片引脚图

　　8086 微处理器有两种组态可以构成两种不同规模的应用系统：最小组态模式，构成小规模的应用系统，8086 本身提供所有的系统总线信号；最大组态模式，构成较大规模的应用系统，例如，可以接入数值协处理器 8087，8086 和总线控制器 8288 共同形成系统总线信号。两种组态利用 MN/$\overline{\text{MX}}$ 引脚电平高低来区别，MN/$\overline{\text{MX}}$ 接高电平为最小组态模式，MN/$\overline{\text{MX}}$ 接低电平为最大组态模式，两种组态模式下的内部操作并没有区别。

2.2.1　8086 微处理器最小模式下的引脚定义

　　最小模式是指系统中只有一个 8086/8088 微处理器，所有总线控制信号均由微处理器直接产生，最小模式用在规模较小的 8086/8088 系统中。引脚分为以下几类：数据和地址引脚，读/写控制引脚，中断请求和响应引脚，总线请求和响应引脚，其他引脚。

1. 数据和地址引脚

　　$AD_{15} \sim AD_0$（Address/Data）：地址/数据分时复用引脚，双向、三态，在访问存储器或外设的总线操作周期中，这些引脚在第一个时钟周期输出存储器或 I/O 端口的低 16 位地址 $A_{15} \sim A_0$，其他时间用于传送 16 位数据 $D_{15} \sim D_0$。

　　$A_{19}/S_6 \sim A_{16}/S_3$（Address/Status）：地址/状态分时复用引脚，输出、三态，这些引脚在访问存储器的第一个时钟周期输出高 4 位地址 $A_{19} \sim A_{16}$，在访问外设的第一个时钟周期 T_1 全部输出低电平无效，其他时间输出状态信号 $S_6 \sim S_3$。$S_6 \sim S_3$：地址/状态复用引脚，输出，其中，S_6 用于表示当前 8086 是否与总线相连，$S_6 = 0$，表示当前 8086 连在总线上，由于在 8086 总线操作期间，它总是与总线相连的，故在每个总线周期的 T_2、T_3、T_w 和 T_4 状态 $S_6 = 0$。S_5 表示中断允许标志的当前设置，$S_5 = 0$，表示当前禁止响应可屏蔽中断请求；$S_5 = 1$，表示当前允许响应可屏蔽中断请求。S_4、S_3 的组合指出当前正在使用哪个段寄存器，如表 2-3 所示。

表 2-3 S_4、S_3 的组合及对应的含义

S_4	S_3	含 义
0	0	当前正在使用 ES
0	1	当前正在使用 SS
1	0	当前正在使用 CS 或未使用任何段寄存器
1	1	当前正在使用 DS

$\overline{BHE}$ / S_7（Bus High Enable/Status）：高 8 位数据总线允许/状态复用引脚，输出。$\overline{BHE}$ 信号和 AD_0 的组合指出当前数据总线上的数据将以何种格式出现，这两个信号的组合及对应的数据格式如表 2-4 所示。

表 2-4 $\overline{BHE}$ 和 AD_0 的组合及对应的存取操作

$\overline{BHE}$	AD_0	操 作	所用数据线
0	0	从偶地址开始读/写一个字	$AD_{15} \sim AD_0$
1	0	从奇地址单元或端口读/写 1 字节	$AD_7 \sim AD_0$
0	1	从偶地址单元或端口读/写 1 字节	$AD_{15} \sim AD_8$
0 1	1 0	从奇地址开始读/写一个字（共占用两个总线周期，第一个总线周期将低 8 位数据传送给 $AD_{15} \sim AD_8$，第二个总线周期将高 8 位数据传送给 $AD_7 \sim AD_0$）	$AD_{15} \sim AD_8$ $AD_7 \sim AD_0$

2．读/写控制引脚

ALE（Address Latch Enable）：地址锁存允许，输出、三态、高电平有效。ALE 引脚高电平有效时，表示复用引脚，即 $AD_{19} \sim AD_0$ 正在传送地址信息，因为地址信息在这些复用引脚上出现的时间很短暂，所以系统可以利用 ALE 引脚将地址锁存在锁存器中，通常使用的锁存器为 Intel 8282/8283。

M/$\overline{IO}$（Memory/Input and Output）：I/O 或存储器访问，输出、三态。该引脚输出低电平时，表示微处理器将访问 I/O 端口，这时地址总线 $A_{15} \sim A_0$ 提供 16 位 I/O 端口地址。该引脚输出高电平时，表示微处理器将访问存储器，这时地址总线 $A_{19} \sim A_0$ 提供 20 位存储器地址。

$\overline{WR}$（Write）：写控制，输出、三态、低电平有效。有效时，表示微处理器正在写出数据给存储器或 I/O 端口。

$\overline{RD}$（Read）：读控制，输出、三态、低电平有效。有效时，表示微处理器正在从存储器或 I/O 端口读入数据。

M/$\overline{IO}$、$\overline{WR}$ 和 $\overline{RD}$：是最基本的控制信号，组合后控制 4 种基本的总线周期，如表 2-5 所示。

表 2-5   I/O 端口及存储器读/写与总线周期操作

总 线 周 期	M/$\overline{IO}$	$\overline{WR}$	$\overline{RD}$
I/O 读	低	高	低
I/O 写	低	低	高
存储器读	高	高	低
存储器写	高	低	高

READY：存储器或 I/O 端口就绪，输入、高电平有效。在总线操作周期中，8086 微处理器会在第 3 个时钟周期的前沿测试该引脚，如果测到高电平有效，则微处理器直接进入第 4 个时钟周期；如果测到无效，微处理器将插入等待周期 T_w。微处理器在等待周期中仍然要监测 READY 信号，若有效，则进入第 4 个时钟周期；否则继续插入等待周期 T_w。

$\overline{\text{DEN}}$（Data Enable）：数据允许，输出、三态、低电平有效。有效时，表示当前数据总线上正在传送数据，可利用它来控制对数据总线的驱动。

DT/$\overline{\text{R}}$（Data Transmit/Receive）：数据发送/接收，输出、三态。该信号表明当前总线上数据的流向，高电平时数据自微处理器输出（发送），低电平时数据输入微处理器（接收）。

3．中断请求和响应引脚

INTR（Interrupt Request）：可屏蔽中断请求，输入、高电平有效。有效时，表示请求设备向微处理器申请可屏蔽中断，该请求的优先级别较低，并可通过关中断指令 CLI 清除标志寄存器中的 IF 标志，从而对中断请求进行屏蔽。

$\overline{\text{INTA}}$（Interrupt Acknowledge）：可屏蔽中断响应，输出、低电平有效。有效时，表示来自 INTR 引脚的中断请求已被微处理器响应，微处理器进入中断响应周期。中断响应周期是连续的两个周期，每个周期都发出有效响应信号，以便通知外设它们的中断请求已被响应，并令有关设备将中断向量号送到数据总线。

NMI（Non-Maskable Interrupt）：不可屏蔽中断请求，输入、上升沿有效。有效时，表示外界向微处理器申请不可屏蔽中断，该请求的优先级别高于 INTR，并且不能在微处理器内被屏蔽。当系统发生紧急情况时，可通过它向微处理器申请不可屏蔽中断服务。

4．总线请求和响应引脚

HOLD：总线保持（即总线请求），输入、高电平有效。有效时，表示总线请求设备向微处理器申请占有总线；该信号从有效回到无效时，表示总线请求设备对总线的使用已经结束，通知微处理器收回对总线的控制权。

HLDA（HOLD Acknowledge）：总线保持响应（即总线响应），输出、高电平有效。有效时，表示微处理器已响应总线请求并已将总线释放，此时微处理器的地址总线、数据总线及具有三态输出能力的控制总线将全面呈现高阻态，使总线请求设备可以顺利接管总线，等到总线请求信号 HOLD 无效时，总线响应信号 HLDA 也转为无效，微处理器重新获得总线控制权。

5．其他引脚

RESET：复位请求，输入、高电平有效。该引脚有效时，将使微处理器回到其初始状态；当它再度返回无效时，微处理器将重新开始工作。8086 复位后，CS = FFFFH，IP = 0000H，所以程序入口的物理地址为 FFFF0H，如表 2-6 所示。

表 2-6　复位后各内部寄存器的初值

寄存器名称	初 值
标志寄存器（PSW）	清零
指令指针（IP）	0000H

续表

寄存器名称	初　值
CS 寄存器	FFFFH
DS 寄存器	0000H
SS 寄存器	0000H
ES 寄存器	0000H
其他寄存器	0000H
指令队列	空

由表 2-6 可见，复位时，代码段寄存器 CS 和指令指针 IP 的值分别被初始化为 FFFFH 和 0000H。因此，8086 启动后从内存的 FFFF0H 处开始执行指令。一般在 FFFF0H 处放一条无条件转移指令，转移到系统程序的入口处。复位时，标志寄存器被清零。在时序上，RESET 信号从高到低的跳变会触发微处理器内部一个复位逻辑电路，经过 7 个时钟周期后，微处理器就被启动而开始正常工作，即从 FFFF0H 处开始执行程序。

CLK（Clock）：时钟输入。系统通过该引脚给微处理器提供内部定时信号。8086 的标准工作时钟为 5MHz。要求时钟信号的占空比（正脉冲与整个周期的比值）为 33%，即 1/3 周期高电平，2/3 周期低电平。

V_{CC}：电源输入，向微处理器提供+5V 电源。

GND：接地，向微处理器提供参考地电平。

MN/$\overline{\text{MX}}$（Minimum/Maximum）：组态选择，输入。接高电平时，8086 引脚工作在最小组态；反之，8086 工作在最大组态。

$\overline{\text{TEST}}$：测试，输入，低电平有效。该引脚与 WAIT 指令配合使用，当微处理器执行 WAIT 指令时，它将在每个时钟周期对该引脚进行测试：如果无效，则程序踏步并继续测试；如果有效，则程序恢复运行。也就是说，WAIT 指令使微处理器产生等待，直到引脚有效为止。在使用协处理器 8087 时，通过该引脚和 WAIT 指令，可使 8086 与 8087 的操作保持同步。

2.2.2　8086 微处理器最大模式下的引脚定义

最大模式是指系统中包含两个或多个微处理器，其中主处理器是 8086，其余处理器称为协处理器，系统的总线控制信号主要由总线控制器产生，最大模式用于中、大型的 8086 系统。8086 的数据/地址等引脚在最大组态和最小组态下相同，有些控制信号不相同，主要用于输出操作编码信号，由总线控制器 8288 译码产生系统控制信号 $\overline{S}_2$、$\overline{S}_1$、$\overline{S}_0$（3 个状态信号）；$\overline{\text{LOCK}}$（总线封锁信号），为 0，表示微处理器不允许其他总线主控部件占用总线；QS_1、QS_0（指令队列状态信号）；$\overline{RQ}/\overline{GT}_0$、$\overline{RQ}/\overline{GT}_1$（2 个总线请求/同意信号），每个引脚可以代替最小模式下的 HOLD/HLDA 两个引脚功能，$\overline{RQ}/\overline{GT}_0$ 优先级高于 $\overline{RQ}/\overline{GT}_1$，用于多处理机对总线控制权的请求和应答。

8086 微处理器工作在最大组态时，其引脚 24～引脚 31 需重新定义，如表 2-7 所示。

表 2-7　两种模式下 8086 微处理器的引脚 24～引脚 31 信号

引 脚 信 号	最 小 模 式	最 大 模 式
24	$\overline{INTA}$	QS_1
25	ALE	QS_0
26	$\overline{DEN}$	$\overline{S_0}$
27	DT/$\overline{R}$	$\overline{S_1}$
28	M/$\overline{IO}$	$\overline{S_2}$
29	$\overline{WR}$	$\overline{LOCK}$
30	HLDA	$\overline{RQ/GT_1}$
31	HOLD	$\overline{RQ/GT_0}$

$\overline{S_2}$、$\overline{S_1}$、$\overline{S_0}$：总线周期状态信号（用于最大模式），输出。这三个信号的不同组合经总线控制器 8288 译码后，指出本总线周期所进行的数据传输过程的类型（见表 2-8）。

表 2-8　$\overline{S_2}$、$\overline{S_1}$、$\overline{S_0}$ 的组合及对应的总线操作类型

$\overline{S_2}$	$\overline{S_1}$	$\overline{S_0}$	总线操作类型
0	0	0	发中断响应信号
0	0	1	读 I/O 端口
0	1	0	写 I/O 端口
0	1	1	暂停
1	0	0	取指令
1	0	1	读内存
1	1	0	写内存
1	1	1	无效

QS_1、QS_0：指令队列状态信号（用于最大模式），输出。这两个信号的不同组合指出了本总线周期的前一个时钟周期中指令队列的状态，以便外部对微处理器内部指令队列动作的跟踪。QS_1、QS_0 的组合及对应的含义见表 2-9。

表 2-9　QS_1、QS_0 的组合及对应的含义

QS_1	QS_0	含　义
0	0	无操作
0	1	从指令队列的第一个字节取走代码
1	0	队列空
1	1	除第一个字节外，还取走了后续字节的代码

2.2.3　8088 引脚与 8086 引脚的区别

8088 微处理器是准 16 位的，是继 8086 之后推出的，被畅销全球的 IBM-PC 选作微处理器，它与 8086 微处理器具有类似的体系结构。两者的执行部件（EU）完全相同，其指令系统、寻址能力及程序设计方法都相同，所以两种微处理器完全兼容。这两种微处理器的主要区别

归纳起来有以下几方面。

（1）外部数据总线位数的差别：8086 微处理器的外部数据总线有 16 位，在一个总线周期内可输入/输出一个字（16 位数据），使系统处理数据和对中断响应的速度得以加快；而 8088 微处理器的外部数据总线为 8 位，在一个总线周期内只能输入/输出一个字节（8 位数据）。也正因为如此，8088 被称为准 16 位处理器。

（2）指令队列容量的差别：8086 微处理器的指令队列可容纳 6 字节，且在每个总线周期中从存储器中取出 2 字节的指令代码填入指令队列，可提高取指令操作和其他操作的并行率，从而提高系统工作速度；而 8088 微处理器的指令队列只能容纳 4 字节，且在每个总线周期中只能取 1 字节的指令代码，从而增长了总线取指令的时间，在一定条件下可能影响取指令操作和其他操作的并行率。

（3）引脚特性的差别：两种微处理器的引脚功能是相同的，但有以下几点不同。

① $AD_{15} \sim AD_0$ 的定义不同。在 8086 中都定义为地址/数据复用总线；而在 8088 中，由于只需用 8 条数据总线，因此，对应于 8086 的 $AD_{15} \sim AD_8$ 这 8 条引脚，只作地址线使用。

② 34 号引脚的定义不同。在 8086 中定义为 $\overline{BHE}$，而在 8088 中定义为 $\overline{SS_0}$，它与 $DT/\overline{R}$、$M/\overline{IO}$ 一起用作最小模式下的周期状态信号。

③ 28 号引脚的相位不同。在 8086 中为 $M/\overline{IO}$；而在 8088 中被倒相，改为 $IO/\overline{M}$，以便与 8080/8085 系统的总线结构兼容。

2.3　8086 微处理器系统配置

2.3.1　最小模式系统配置

8086 微处理器最小模式下的典型配置如图 2-10 所示。

图 2-10　8086 微处理器在最小模式下的典型配置

在最小模式配置中，系统所有的控制信号由 8086 微处理器自身提供，它的基本配置为：除使用 8086 作为微处理器外，还需配有一片时钟发生器 8284A、3 片地址锁存器（8282/8283）、2 片数据收发器（8286/8287）才能构成系统总线。

（1）20 位地址总线的构成

采用 3 个 8282 进行锁存和驱动，Intel 8282 是三态透明锁存器，类似于 Intel 8283 和通用数字集成电路芯片 74LS373，具有三态输出功能：输出控制信号有效时，允许数据输出；无效时，不允许数据输出，呈高阻状态；透明，即锁存器的输出能够跟随输入变化。

（2）8 位数据总线的构成

采用数据收发器 8286 进行双向驱动，Intel 8286 是 8 位三态双向缓冲器，具有类似功能的器件还有 Intel 8287、通用数字集成电路 74LS245 等。另外，接口电路中经常使用三态单向缓冲器，例如，通用数字集成电路 74LS244 就是一个常用的双 4 位三态单向缓冲器。

（3）系统控制信号的构成

由 8086 引脚直接提供，因为基本的控制信号 8086 引脚中都含有，如 $M/\overline{IO}$、$\overline{WR}$ 和 $\overline{RD}$ 等。

2.3.2　最大模式系统配置

8086 微处理器最大模式下的典型配置如图 2-11 所示。

除最小模式配置外，需外加总线控制器 8288 对微处理器发出的控制信号进行变换和组合，以获得对存储器、I/O 端口的读/写信号和对地址锁存器 8282、数据收发器 8286 的控制信号，另外在多处理器中还需加入总线仲裁器 8289A 来解决主处理器和协处理器之间协调工作及对总线的共享控制等问题。

图 2-11　8086 微处理器在最大模式下的典型配置

从图 2-10 和图 2-11 中可以看出，8086 微处理器在最大模式和最小模式下的主要区别是：在最大模式下，需要增加一个转换控制信号的电路，用来对微处理器发出的控制信号进行变换和组合，即 8288 总线控制器。8288 接收 8086 微处理器的状态信号 S_2、S_1 和 S_0，经过变换和组合，由 8288 产生并发出对存储器或 I/O 端口的读/写信号，产生和发出对地址锁存器 8282 及数据收发器 8286 的控制信号等。

2.3.3　最小系统配置与最大系统配置的比较

（1）不同之处

最小模式下，系统控制信号直接由 8086 微处理器提供；最大模式下，因系统复杂，芯片数量较多，为提高驱动能力和改善总线控制能力，系统的控制信号由总线控制器 8288 提供。最小模式下 8086 的引脚 31、引脚 30 提供一组总线请求/响应信号（HOLD、HLDA），而最大模式下 8086 的引脚 31、引脚 30 将提供两组总线请求/响应信号（$\overline{RQ}/\overline{GT_0}$、$\overline{RQ}/\overline{GT_1}$）。

（2）相同之处

8086 的低位地址线与数据线复用，为保证地址信号维持足够的时间，需使用 ALE 信号将低位地址线锁存（通过锁存器 8282），以形成真正的系统地址总线。8086 的数据线通过数据收发器 8286 后形成系统数据总线，以增大驱动能力，数据收发器主要由 $\overline{DEN}$ 和 $DT/\overline{R}$ 两个信号控制。

2.4　8086/8088 微处理器的典型时序及操作

计算机系统的工作必须严格按照一定的时间关系来进行，微处理器定时所用的周期有 3 种：时钟周期、总线周期和指令周期。

（1）时钟周期

时钟周期是微机系统工作的最小时间单元，它取决于系统的主频率，系统完成任何操作所需要的时间，均是时钟周期的整数倍。时钟周期又称为 T 状态。时钟周期是基本定时脉冲的两个沿之间的时间间隔，而基本定时脉冲是由外部振荡器产生的，通过微处理器的 CLK 输入端输入，基本定时脉冲的频率称为系统的主频率。例如，8088 微处理器的主频率是 5MHz，其时钟周期为 200ns。

（2）总线周期

把微处理器通过总线与内存或 I/O 端口之间进行 1 字节数据交换所进行的操作，称为一次总线操作，相应于某个总线操作的时间即为总线周期。虽然，每条指令的功能不同，所需要进行的操作也不同，指令周期的长度也必不相同。但是，可以对不同指令所需进行的操作进行分解，它们又都是由一些基本的操作组合而成的。如存储器的读/写操作、I/O 端口的读/写操作、中断响应等，这些基本的操作都要通过系统总线实现对内存或 I/O 端口的访问。不同的指令所要完成的操作是由一系列的总线操作组合而成的，而总线操作的数量及排列顺序因指令的不同而不同。8086/8088 的总线操作就是 8086/8088 微处理器利用总线（AB、DB、CB）与内存及 I/O 端口进行信息交换的过程，与这些过程相对应的总线上信号变化的相对时间关系，就是相应总线操作的时序。

执行一个总线操作所需要的时间称为总线周期，一个基本的总线周期通常包含 4 个 T 状态，4 个时钟周期编号为 T_1、T_2、T_3 和 T_4，如图 2-12 所示。总线周期中的时钟周期也称为 T 状态，时钟周期的时间长度就是时钟频率的倒数，要延长总线周期时需要插入等待状态 T_w。

图 2-12　典型总线周期示意图

（3）指令周期

一条指令从其代码被从内存单元中取出到其所规定的操作执行完毕，所用的时间称为相应指令的指令周期。由于指令的类型、功能不同，因此，不同指令所要完成的操作也不同，相应地，其所需的时间也不相同。也就是说，指令周期的长度因指令的不同而不同。

指令所执行的操作可以分为内部操作和外部操作。不同的指令，其内、外部操作是不相同的，但这些操作可以分解为一个个总线操作。即总线操作的不同组合，构成了不同指令的操作，而总线操作的类型是有限的，因此可以根据不同指令的功能，把它们分解为不同总线操作的组合，明确了不同种类总线操作的时序关系，就可以确定任何指令的时序关系。

2.4.1　系统的复位和启动

8086/8088 的复位和启动操作，是通过 RESET 引脚上的触发信号来执行的，当 RESET 引脚为高电平时，微处理器结束当前操作，进入初始化（复位）过程，包括把各内部寄存器（除了 CS）清零，标志寄存器清零，指令队列清零，将 FFFFH 送到 CS 寄存器。重新启动后，系统从 FFFF0H 开始执行指令。重新启动的动作是，当 RESET 从高电平跳变到低电平时，触发微处理器内部的一个复位逻辑电路，经过 7 个 T 状态，微处理器即自动启动。要注意的是，由于在复位操作时，标志寄存器被清零，因此其中的中断标志 IF 也被清零，这样就阻止了所有可屏蔽中断请求，都不能响应，即复位以后，必须用开中断指令来重新设置 IF 标志。系统复位操作的时序图如图 2-13 所示。

图 2-13　系统复位操作的时序图

2.4.2　最小模式下的总线操作

微处理器为了与存储器或 I/O 端口进行 1 字节的数据交换，需要执行一次总线操作，按数据传输的方向来分，可将总线操作分为读操作和写操作两种类型。按照读/写的不同对象，总线操作又可分为存储器读/写与 I/O 读/写操作。下面就最小模式下的总线读/写操作时序来进行具体分析。

（1）最小模式下的总线读操作时序

一个最基本的读周期包含 4 个状态，即 T_1、T_2、T_3、T_4，必要时可插入一个或多个 T_w。时序如图 2-14 和图 2-15 所示。

图 2-14　存储器读总线周期

图 2-15　I/O 读总线周期

T_1 状态：①M/$\overline{\text{IO}}$ 有效，用来指出本次读周期是存储器读还是 I/O 读，它一直保持到 T_4 有效。②地址线信号有效，高 4 位通过地址/状态线送出，低 16 位通过地址/数据线送出，用来指出操作对象的地址，即存储器单元地址或 I/O 端口地址。③ALE 有效，在最小模式的系统配置中讲过，地址信号通过地址锁存器 8282 锁存，ALE 即为 8282 的锁存信号，下降沿有效。④$\overline{\text{BHE}}$（对 8088 无用）有效，用来表示高 8 位数据总线上的信息有效，现在通过 $A_{15} \sim A_8$ 传送的是有效地址信息，$\overline{\text{BHE}}$ 常作为奇地址存储器的选通信号，因为奇地址存储器中的数据总是通过高 8 位数据线来传输的，而偶地址存储器的选通则由 A_0 决定。⑤当系统中配有总线驱动器时，T_1 使 DT/$\overline{\text{R}}$ 变为低电平，表示本周期为读周期，并通知数据收发器接收数据（DT/$\overline{\text{R}} \xleftarrow{\text{接收}} T$）。

T_2 状态：①高 4 位地址/状态线送出状态信息，$S_3 \sim S_6$。②低 16 位地址/数据线浮空，为下面传送数据做准备。③$\overline{BHE}/S_7$ 引脚成为 S_7（无定义）。④$\overline{RD}$ 有效，表示要对存储器/I/O 端口进行读。⑤$\overline{DEN}$ 有效，使得总线收发器（驱动器）可以传输数据（$\overline{DEN} \xleftarrow{\text{接收}} \overline{OE}$）。

T_3 状态：从存储器/I/O 端口读出的数据送上数据总线（通过 $A_{15} \sim A_0$）。

T_w 状态：若存储器或外设速度较慢，不能及时送上数据，则通过 READY 线通知微处理器，微处理器在 T_3 的前沿（即 T_2 结束末的下降沿）检测 READY 信号，若发现 READY = 0，则在 T_3 结束后自动插入一个或多个 T_w，并在每个 T_w 的前沿处检测 READY 信号，等到 READY 信号变为高电平后，自动脱离 T_w，进入 T_4。

T_4 状态：在 T_4 与 T_3（或 T_w）的交界处（下降沿）采集数据，使各控制及状态线变为无效。

（2）最小模式下的总线写操作时序

时序如图 2-16 和图 2-17 所示，最基本的总线写周期也包括 4 个状态 $T_1 \sim T_4$，必要时插入 T_w。

图 2-16　存储器写总线周期

图 2-17　I/O 写总线周期

T_1 状态：基本上与读周期相同，只是此时 DT/$\overline{R}$ 为高电平。

T_2 状态：与读周期有两点不同。①$\overline{RD}$ 变成 $\overline{WR}$；②$A_{15} \sim A_0$ 不是浮空的，而是发出要写入存储器/I/O 端口的数据。

T_3 状态：从存储器/I/O 端口读出的数据送上数据总线（通过 $A_{15} \sim A_0$）。

T_w 状态：若存储器或外设速度较慢，不能及时送上数据，则通过 READY 信号线通知微处理器，微处理器在 T_3 的前沿（T_2 结束末的下降沿）检测 READY 信号，若发现 READY=0，则在 T_3 结束后自动插入一个或多个 T_w，并在每个 T_w 的前沿处检测 READY 信号，等到 READY 信号变为高电平后，自动脱离 T_w，进入 T_4。

T_4 状态：在 T_4 与 T_3（或 T_w）的交界处（下降沿）采集数据，使各控制及状态线变为无效。已完成微处理器→存储器或 I/O 端口的数据传送，使数据线上的数据无效，同时，使各控制与状态信号无效。

2.4.3 最大模式下的总线操作

（1）最大模式下的总线读周期

最大模式下的读总线时序图如图 2-18 所示，与最小模式下的读周期相比，不同的是读信号考虑加入总线控制器后，可由 $\overline{S_2}$、$\overline{S_1}$、$\overline{S_0}$ 状态信号来产生 $\overline{MRDC}$ 和 $\overline{IORC}$，这两个信号与原 $\overline{RD}$ 相比，不仅明确指出了操作对象，而且信号的交流特性也好，所以下面就考虑用它们而不用 $\overline{RD}$。若用 $\overline{RD}$ 信号，则最大模式与最小模式相同。

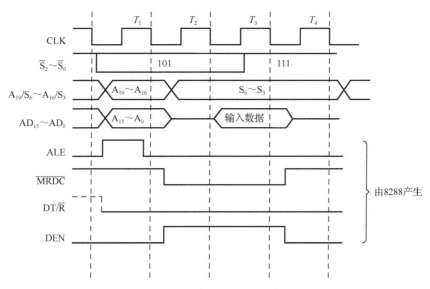

图 2-18 最大模式下的读总线时序

T_1 状态：与最小模式基本相同，不同的是 ALE、DT/$\overline{R}$ 是由总线控制器发出的。

T_2 状态：与最小模式不同的是，$\overline{RD}$ 变成 $\overline{MRDC}$ 或 $\overline{IORC}$，送到存储器或 I/O 端口。

T_3 状态：数据已读出送上数据总线，这时 $\overline{S_2}$、$\overline{S_1}$、$\overline{S_0}$=111 进入无源状态。若数据没能及时读出，则与最小模式一样自动插入 T_w。

T_4 状态：数据消失，状态信号进入高阻态，$\overline{S_2}$、$\overline{S_1}$、$\overline{S_0}$ 根据下一个总线周期的类型进行变化。

（2）最大模式下的总线写周期

最大模式下的写总线时序图如图 2-19 所示，与上述最大模式下的总线读周期相比，$\overline{MRDC}$ 或 $\overline{IORC}$ 变成 $\overline{MWTC}$ 或 $\overline{IOWC}$，另外还有一组 $\overline{AMWC}$ 或 $\overline{AIOWC}$（比 $\overline{MWTC}$ 或

$\overline{\text{IOWC}}$ 提前一个 T 有效），这时 $\overline{\text{MWTC}}$（$\overline{\text{AMWC}}$）或 $\overline{\text{IOWC}}$（$\overline{\text{AIOWC}}$）取代最小模式下的 $\overline{\text{WR}}$。

图 2-19　最大模式下的写总线时序

T_1 状态：与总线读周期相同。

T_2 状态：$\overline{\text{AMWC}}$ 或 $\overline{\text{AIOWC}}$ 有效，要写入的数据送上 DB，$\overline{\text{DEN}}$ 有效。

T_3 状态：$\overline{\text{MWTC}}$ 或 $\overline{\text{IOWC}}$ 有效，比 $\overline{\text{AMWC}}$ 等慢一个 T，$\overline{S}_2$、$\overline{S}_1$、$\overline{S}_0$ 进入无源状态。若有需要，自动插入 T_w。

T_4 状态：$\overline{\text{AMWC}}$ 等被撤销，$\overline{S}_2$、$\overline{S}_1$、$\overline{S}_0$ 根据下一总线周期的性质变化，$\overline{\text{DEN}}$ 失效，数据收发器停止工作，其他引脚为高阻态。

在最大模式下，I/O 读/写周期的时序与存储器读/写周期的时序基本相同。不同之处在于：①一般 I/O 端口的工作速度较慢，因而需插入等待周期 T_w；②T_1 期间只发出 16 位地址信号，$A_{19} \sim A_{16}$ 为 0；③8288 发出的读/写命令为 $\overline{\text{IORC}}$ / $\overline{\text{AIOWC}}$。

习题二

2.1　8086 向奇地址存储单元送 1 字节数据时，须执行一个总线周期，M/$\overline{\text{IO}}$ 为（　　），在第一个 T 状态中，ALE 为（　　），A_0 为（　　）；在第三个 T 状态，$\overline{\text{WR}}$ 为（　　），$\overline{\text{RD}}$ 为（　　）。

2.2　8086 向偶地址存储单元 0 送 1 字节数据时，须执行一个总线周期，在第一个 T 状态中，ALE 为（　　），A_0 为（　　），$\overline{\text{WR}}$ 为（　　）。

2.3　根据 8086 微处理器数据总线的宽度，其可表示的无符号数的范围是（　　）。

2.4　微型计算机主要由哪几部分组成？各部分的功能如何？

2.5　说明总线接口部件的作用。

2.6　8086 微处理器读/写总线周期各包含多少个时钟周期？什么情况下需要插入 T_w 周

期？应插入多少个 T_w 取决于什么因素？

2.7 8086 微处理器复位后各寄存器的状态如何？复位后，执行的第一条指令的地址是多少？

2.8 简述 8086 最小模式系统与最大模式系统之间的主要区别。

2.9 8086 微处理器由哪两部分组成？它们的主要功能各是什么？它们之间是如何协调工作的？

2.10 8086 微处理器中有哪些寄存器？各有什么用途？标志寄存器 PSW 有哪些标志位？分别在什么情况下置位？

2.11 8086 系统中存储器的逻辑地址和物理地址之间有什么关系？表示的范围各为多少？

2.12 已知当前数据段位于存储器的 A1000H～B0FFFH 范围内，问 DS =?

2.13 某程序数据段中存有两个数据字 1234H 和 5A6BH，若已知 DS = 5AA0H，它们的偏移地址分别为 245AH 和 3245H，试画出它们在存储器中的存放情况。

2.14 8086 系统中为什么一定要有地址锁存器？需要锁存哪些信息？

2.15 若 8086 微处理器工作于最小模式，试指出当微处理器完成将 AH 的内容送到物理地址为 91001H 的存储单元操作时，以下哪些信号应为低电平：M/$\overline{\text{IO}}$、$\overline{\text{RD}}$、$\overline{\text{WR}}$、$\overline{\text{BHE}}$/S_7、DT/$\overline{\text{R}}$。若微处理器完成的是将物理地址为 91000H 的单元的内容送到 AL 中，则上述哪些信号应为低电平。

2.16 什么是引脚的分时复用？请说出 8086 微处理器有哪些引脚是分时复用引脚，其要解决的问题是什么。

2.17 试说明 8086/8088 工作在最大模式和最小模式下系统基本配置的差异。

2.18 什么是指令周期？什么是总线周期？什么是时钟周期？它们之间的关系如何？

2.19 试简述 8086 系统最小模式时从储存器读数据时的时序过程。

第3章 8086 指令系统

本章要点

◆ 了解 8086 指令的汇编格式
◆ 掌握 8086 寻址方式
◆ 掌握 8086 指令系统

3.1 8086 微处理器的指令格式

指令是指挥微处理器执行某一基本操作的命令。指令由操作码和操作数组成，其中操作码规定指令所要完成的操作，操作数则指出参加操作的数据或其地址。

对于一条指令，操作码是不可缺少的组成部分，而操作数可以没有，也可以有一个或两个等。

8086 指令格式有机器码格式和汇编格式两种。

机器码是微处理器能够直接识别并执行的、由二进制数 0 和 1 组成的代码。指令的长度就是该指令用机器码表达时所占的字节数。微处理器指令的长度一般是可变的，这有利于节省存储空间。8086 指令的长度从 1 字节到 6 字节不等。

用助记符和标识符来分别表示指令的操作码和操作数，即为指令的汇编格式。例如，用"MOV"表示"数据传送"等。但是，用汇编格式表达的指令必须翻译成机器码，CPU 才能识别和执行。

8086 指令的汇编格式如下：

[标号：] 指令助记符 [操作数 1][,操作数 2] [；注释]

格式中方括号里的内容可选。可见，一条汇编格式的指令由标号、指令助记符、操作数、注释四部分组成，其中只有指令助记符是必不可少的。

一条指令必须写在一行，每条指令以回车键结束。

（1）标号：是给该指令所在地址取的名字，其后须跟冒号。标号（标识符）必须是以字母开头的字母、数字串且有效长度不超过 31 个字符。

（2）指令助记符：是代表指令操作类型的符号。它是指令中的关键字，不可缺少。

（3）操作数：是参加指令操作的数据或其地址。操作数可以有 0 个、1 个或 2 个。

若指令中有两个操作数，则须用逗号将它们分开，并且约定前者为目的操作数，后者为源操作数。

（4）注释：是以分号开头的文字，用来说明相应指令的操作功能，以方便阅读程序。

3.2　8086 寻址方式

寻址方式就是寻找操作数存放地址的方法。根据寻址地址的类型，寻址方式分为两类：一类是用来对操作数进行寻址；另一类是用来对转移地址或调用地址进行寻址，即对指令地址进行寻址。

在 8086 微处理器中，根据指令中操作数的存放位置，基本的操作数的寻址方式可分为 7 种：立即寻址、寄存器寻址、直接寻址、寄存器间接寻址、寄存器相对寻址、基址变址寻址、相对基址变址寻址，后五种寻址方式属于存储器寻址。

3.2.1　立即寻址方式

立即寻址就是操作数直接包含在指令字节中，此时的操作数也称立即数，它紧跟在操作码的后面，与操作码一起放在代码段区域中。

采用立即寻址方式的指令执行速度快。因为在该寻址方式下，指令中含有立即数，微处理器不必执行总线周期，在指令队列中就可以直接取得立即数。

例如：MOV　AX，7856H

该指令的功能是将立即数 7856H 送入 AX 中。如图 3-1 所示，16 位的立即数作为指令码的一部分存入代码段存储区时，立即数的低 8 位紧靠操作码，立即数的高 8 位在其后面。立即数寻址过程如图 3-1 所示。

图 3-1　立即数寻址过程

注意：

（1）在所有的指令中，立即数只能作为源操作数，不能作为目的操作数。

（2）以字母开头的十六进制数前必须以数字 0 作为前缀。

（3）立即数还可以是用+、−、*、/表示的算术表达式，也可以用圆括号改变运算顺序。

（4）立即数只能是整数，不能是小数、变量或其他类型的数据。

3.2.2　寄存器寻址方式

采用寄存器寻址方式的指令，其操作数放在寄存器中，用寄存器符号来表示。如果是 16 位操作数，用寄存器 AX、BX、CX、DX、SI、DI、SP 或 BP 等；如果是 8 位操作数，则用寄存器 AH、AL、BH、BL、CH、CL、DH 或 DL。

例如：MOV　AX，BX

源操作数和目的操作数都是寄存器寻址方式。

注意：

（1）采用寄存器寻址方式的指令，其机器码字节最少，另外，由于操作就在 CPU 内部进行，不必执行访问存储器的总线周期，故执行速度快。

（2）在同一条指令中，不仅源操作数可以采用寄存器寻址方式，而且目的操作数也可采用寄存器寻址方式。

（3）源操作数的长度必须与目的操作数一致，否则会出错。例如，不能将 BH 寄存器的内容传送到 DX 中去，尽管 DX 寄存器放得下 BH 的内容，但汇编程序不知道将它放到 DH 还是 DL 中。

（4）寄存器寻址方式常用于微处理器内部传送数据。

3.2.3　直接寻址方式

直接寻址方式就是操作数放在存储器的数据段中，其有效地址 EA 由指令以具体数值的形式直接给出。

例如：MOV　AX，[5634H]

该指令将有效地址 EA=5634H 存储单元中的内容传送到 AX 寄存器中。若（DS）=2000H，则该指令源操作数的存储单元的物理地址为 20000H+5634H=25634H。其寻址过程如图 3-2 所示。

图 3-2　直接寻址方式寻址过程

注意：

（1）在直接寻址方式中，指令中有效地址必须加一个方括号，以便与立即数区分。

（2）如果指令前面没有前缀指明操作数在哪一段，则默认的段寄存器是 DS。

（3）8086/8088 系统允许操作数存放在以 CS、SS、ES 为基准的存储区域中，此时只要在指令中指明是段跨越即可。

例如：MOV　BX，ES：[4000H]

（4）对于操作数为 16 位的指令，应该首先对 EA 进行存取操作，实现低字节存取，然后再对 EA+1 单元进行存取操作，实现高字节存取。

例如：MOV [1002H]，AX

该指令先将 AL（低字节）的内容传送到当前数据段的 1002H 单元中，再将 AH（高字节）的内容传送到 1003H 单元中。

（5）直接寻址一般适用于处理单个变量。

3.2.4　寄存器间接寻址方式

寄存器间接寻址方式就是将操作数存放在存储器中，而把操作数所在存储单元的有效地址放在基址寄存器 BX、BP 或变址寄存器 SI、DI 中。

例如：MOV AX，[BX]　　　　;物理地址=DS×10H+BX

　　　MOV AL，[BP]　　　　;物理地址=SS×10H+BP

　　　MOV AX，CS：[DI]　　;物理地址=CS×10H+DI

其中，[BP]、[BX]、[DI]都是寄存器间接寻址方式。

例如：MOV　AX，[BX]

该指令将 BX 中的内容作为有效地址，对该有效地址进行字的读/写操作，并传送到 AX 中。在指令中，采用方括号"[ ]"和寄存器来表示寄存器间接寻址，注意与寄存器寻址的区别。寄存器间接寻址的操作过程如图 3-3 所示。

图 3-3　寄存器间接寻址的操作过程

注意：

（1）用 SI、DI、BX、BP 作为间接寻址时允许使用段跨越前缀，以实现对其他段中数据的存取。

（2）寄存器间接寻址方式适用于数组、字符串、表格的处理。

（3）寄存器中的内容是操作数的有效地址，而不是操作数本身。

（4）只能用微处理器中的基址寄存器 BX、BP 或变址寄存器 DI、SI 来间接寻址。

（5）如果指令前面没有用前缀指令指明操作数在哪一段，则当用 BP 来间接寻址时，其段寄存器默认为 SS，用 BX、DI、SI 来间接寻址时，默认段寄存器为 DS。即

物理地址=[DS]×10H+EA=[DS]×10H+ [BX 或 DI 或 SI]，或

物理地址=[SS]×10H+[BP]

3.2.5　寄存器相对寻址方式

若操作数在存储器中，存储单元的有效地址由一个基址或变址寄存器与指令中指定的 8 位或 16 位位移量组成，则称为寄存器相对寻址。该寻址方式在汇编格式中表示为以下两种形式之一：

① 位移量[基址寄存器名或变址寄存器名]；

② [位移量+基址寄存器名或变址寄存器名]。

例如：

MOV　AX，20H[SI]；物理地址=DS×10H+SI+20H（8 位位移量）

MOV　CL，[BP+2000H]；物理地址=SS×10H+BP+2000H（16 位位移量）

若选择 BX、SI 或 DI 寄存器提供的基地址或变地址，则操作数一般在 DS 区域中，用 DS 提供段基址，即操作数物理地址为：

物理地址=[DS]×10H+EA= [DS]×10H+[BX 或 SI 或 DI]+[8 位或 16 位位移量]

若选择 BP 寄存器提供的基地址，则操作数在堆栈段区域中，用 SS 提供段基址，即操作数物理地址为：物理地址=[SS]×10H+[BP]+[8 位或 16 位位移量]

例如：MOV　AX，[BX+3814H]

该指令将 BX 中的内容与偏移量 3814H 相加后作为有效地址，根据该有效地址进行字的读操作，并传送到 AX 中。图 3-4 为寄存器相对寻址的操作过程。

图 3-4　寄存器相对寻址的操作过程

注意：

（1）存器相对寻址方式允许使用段跨越前缀，例如：MOV　AL，ES：TABLE[SI]。

（2）由于 BX、BP 为基址寄存器，因此用它们进行的寻址叫作基址寻址；而 SI、DI 为变址寄存器，用它们进行的寻址叫作变址寻址。

3.2.6　基址变址寻址方式

操作数在存储器中，存储单元的有效地址由一个基址寄存器和一个变址寄存器的内容之和确定，这种寻址方式就是基址变址寻址方式。该寻址方式在汇编格式中表示为以下两种形式之一：

① [基址寄存器名][变址寄存器名]；

② [基址寄存器名+变址寄存器名]。

例如：

MOV　AX，[BX][SI]　　　；物理地址=DS×10H+BX+SI

MOV　AX，[BX+SI]　　　；物理地址=DS×10H+BX+SI

MOV　CX，CS：[BX+DI]　；物理地址=CS×10H+BX+DI

其中，[BX][SI]、[BX+DI]都表示基址变址寻址方式。

若选择 BX 寄存器提供的基地址，则操作数一般在 DS 区域中，用 DS 提供段基址，即操作数物理地址为：物理地址=[DS]×10H+EA= [DS]×10H+[BX]+[SI 或 DI]。

若选择 BP 寄存器提供的基地址，则操作数在堆栈段区域中，用 SS 提供段基址，即操作数物理地址为：物理地址=[SS]×10H+[BP]+[SI 或 DI]。

例如：MOV　AX, [BX+SI]

该指令将 BX 中的内容与 SI 中的内容相加后作为有效地址，根据该有效地址进行字的读操作，并传送到 AX 中。图 3-5 所示为基址变址寻址方式的操作过程。

图 3-5　基址变址寻址方式操作过程

注意：

① 基址变址寻址方式也可用段跨越前缀重新指定段寄存器。例如：MOV　AX，ES：[BX][SI] 。

② 由于基址变址寻址方式中两个寄存器内容都可修改，因此它比寄存器相对寻址更灵活。

③ 基址变址寻址方式也可用于表格或数组数据的访问。将表格或数组首地址存入基址寄存器，通过修改变址寄存器内容可访问到表格或数组的任一数据项的存储单元。

3.2.7　相对基址变址寻址方式

操作数在存储器中，存储单元的有效地址由一个基址寄存器和变址寄存器的内容及指令中指定的 8 位或 16 位位移量的和构成，这种寻址方式称为相对基址变址寻址方式，其地址表达式可以书写为以下两种形式之一：

① 位移量[基址寄存器][变址寄存器]；

② [基址寄存器+变址寄存器+位移量]。

例如：

MOV AX, [BX+DI+10H]　　　　　　　；指令中给出 8 位位移量 10H。

MOV AX，ES：1002H[BP][SI]　　　　；访问 ES 段字存储单元。

以下三条语句是等价的：

MOV　　AX，TABLE[BX][SI]

MOV　　AX，TABLE[BX+SI]

MOV　　AX，[TABLE+BX+SI]

若选择 BX 寄存器提供的基地址，SI 或 DI 寄存器提供的变地址，则操作数一般在数据段区域中，用 DS 提供段基址，即

物理地址=[DS]×10H+EA=[DS]×10H+[BX]+[SI 或 DI]+[8 位或 16 位位移量]

若选择 BP 寄存器提供基地址，SI 或 DI 寄存器提供变地址，则操作数在堆栈段区域中，用 SS 提供段基址，即

物理地址=[SS]×10H +[BP]+[SI 或 DI]+[8 位或 16 位位移量]

相对基址变址寻址方式为处理堆栈中的数组提供了方便：用 BP 可指向栈顶，位移量表示数组第一个元素到栈顶的距离，变址寄存器指向数组元素。

例如：MOV　AH，[BX+SI+1234H]

若 DS=1000H，BX=0200H，SI=0020H，则该指令的有效地址 EA 为 1454H，操作数的物理地址为 11454H，指令执行完后，将 11454H 单元中的内容送到 AH 寄存器中，如图 3-6 所示。

图 3-6　相对基址变址寻址方式操作过程

3.2.8　隐含寻址方式

除了上述常见的寻址方式，还有一类特殊的寻址方式即隐含寻址。隐含寻址就是指令中不出现操作数，但指令本身隐含指示了操作数的来源。

如串操作指令 MOVS，其源操作数隐含由 DS∶SI 寄存器间接寻址，而目的操作数则隐含由 ES∶DI 寄存器间接寻址。

3.3　8086 指令系统

指令系统反映了 CPU 所能完成的操作功能。不同的 CPU，其指令系统一般不同。某一 CPU 的指令系统是指该 CPU 所有指令组成的集合。

8086 微处理器指令系统按功能分为数据传送类、算术运算类、逻辑运算与移位类、串操作类、控制转移类和处理器控制类 6 类指令。

学习指令时需要注意以下几点：

（1）指令的功能，即指令完成什么操作。

（2）指令执行后对标志位的影响。因为有些指令的操作是由上一条指令执行后的状态来决定的。

（3）指令的长度，即指令所占用的字节数。

（4）指令的执行时间，常用时钟周期数来表示。

其中，（1）、（2）项是保证程序逻辑正确的前提条件；（3）、（4）项决定着程序在空间、时间上的质量。

3.3.1　数据传送指令

数据传送类指令用于实现 CPU 内部寄存器之间、CPU 与存储器之间、CPU 与 I/O 端口之间的字节或字的传送，主要有通用数据传送、累加器专用传送、地址传送和标志传送 4 类指令。

1. 通用数据传送指令

通用数据传送指令包括最基本的传送指令 MOV、堆栈指令 PUSH 和 POP、数据交换指令 XCHG。

（1）MOV 指令

MOV 指令可以实现 CPU 内部寄存器之间、寄存器和内存之间的数据传送，还可以把一个立即数送给 CPU 的内部寄存器或内存单元。

格式：MOV　目的操作数，源操作数

功能：将源操作数传送给目的操作数。

例如：

① 立即数传送给通用寄存器或存储器

MOV　AL，12H

MOV　AX，3456H

MOV　BYTE　PTR [BX]，34H

MOV　WORD　PTR [BP]，2345H

② 通用寄存器之间传送

MOV　AX，BX　；将 BX 中的数据传送到 AX 中。

MOV　CL，BH　；将 BH 中的数据传送到 CL 中。

③ 通用寄存器和存储器之间传送

MOV　AX，[BX]；将以 BX 为有效地址的 2 个连续内存单元中的数据传送到 AX 中。

MOV　[SI]，DH　；将 DH 中的数据传送到 SI 指定的内存单元中。

④ 段寄存器与通用寄存器、存储器之间的传送

MOV　DS，AX

MOV　ES，[SI]

MOV　[DI]，SS

MOV　BX，ES

注意：

a）立即数、代码段寄存器 CS 只能作为源操作数，不能作为目的操作数。

例如：MOV CS，AX；此指令错误。

b）IP 寄存器不能作为源操作数或目的操作数。

c）指令中两个操作数不能同为存储器操作数，也不能同为立即数。

即 MOV [2000H]，[1000H]和 MOV 11，12 都是错误的。

d）段寄存器之间不能互相传送。立即数不能直接送入段寄存器。

e）MOV 指令不影响标志位。

f）两个操作数的类型属性要一致，即同时为 8 位数据传送或同时为 16 位数据传送。

例如：MOV AX，BL；类型不一致，错误。

g）用 BP 来间接寻址时，默认的段寄存器是 SS，用其余寄存器间接寻址时，其默认的段寄存器是 DS。

（2）堆栈操作指令

堆栈（Stack）是主存中一个特殊的区域。它采用先进后出 FILO（First In Last Out）或后进先出 LIFO（Last In First Out）的原则进行存取操作。堆栈段中的栈底由堆栈段寄存器 SS 来确定，堆栈段中的栈顶由堆栈段寄存器 SS 和堆栈指针 SP 来寻址。显然，栈顶是移动的，而栈底是固定不变的。堆栈操作有入栈 PUSH 和出栈 POP 两种。

① 入栈指令 PUSH

格式：PUSH　源操作数

功能：先修改指针：SP←SP-2；然后源操作数进栈：（SP+1，SP）←src。

② 出栈指令 POP

格式：POP　目的操作数

功能：先将 SP 所指向的一个字送到指定的目的操作数中：（dest）←（（SP）+1，（SP）），然后修改指针：（SP）←（SP）+2。

两条指令的操作过程如图 3-7 所示。

（a）堆栈原始状态　　　　（b）执行PUSH AX　　　　（c）执行POP AX
　　　　　　　　　　　　　（AX）= 0C0AH　　　　　POP BX后的状态

图 3-7　8086 系统堆栈及其操作

例　下面的程序交换了 AX 与 CX 的值。

PUSH AX

PUSH CX

POP AX

POP CX

注意：

a）堆栈操作都按字操作，如 PUSH AL 和 POP AL 均为非法的。每次 PUSH 操作栈顶向低地址移动 2 字节，而 POP 操作栈顶向高地址移动 2 字节。

b）PUSH、POP 指令的操作数可能有三种：通用寄存器（数据寄存器、地址指针、变址寄存器）、段寄存器、存储器；不能用立即数。CS 只能作为源操作数，即 PUSH CS 合法，POP CS 非法。

c）当字数据进栈时，将它的低字节放到低地址，将它的高字节放到高地址；当字数据出栈时，注意它的低字节在低地址，它的高字节在高地址。

d）堆栈工作原则是"后进先出"。因此，保存和恢复字数据时，PUSH、POP 指令应该成对使用，以保证数据的正确性和保持堆栈原有状态。

e）PUSH 和 POP 指令不影响标志位。

f）为了使子程序被调用后能正常返回，中断结束后能回到断点地址，以及使子程序或中断处理程序返回后所用寄存器的原始值不变，需要用堆栈来实现。

（3）数据交换指令 XCHG

格式：XCHG   目的操作数，源操作数

功能：把目的操作数和源操作数相互交换。

注意：

a）目的操作数、源操作数不允许是段寄存器、立即数或 IP 寄存器。

b）目的操作数和源操作数中，必须有一个是寄存器寻址，即两个存储单元之间不能直接互换数据。

c）XCHG 指令不影响标志位。

例 XCHG BX，[BP+SI]

假设该指令执行前：

（BX）=1234H，（BP）=0100H，（SI）=0020H，（SS）=1F00H，（1F120H）=0000H，即源操作数物理地址=1F00H：0100+0020=1F00H：0120H=1F120H，交换前源操作数为 0000H，目标操作数为 1234H；则指令执行后，（BX）=0000H，（1F120H）=1234H。

2. 累加器专用传送指令

累加器是 8086 微处理器进行数据传输的核心。8086 指令系统中有两类累加器专用传送指令，即输入/输出指令、换码指令。

（1）输入/输出指令

格式：IN   AC，port

　　　OUT   port，AC

功能：IN 指令是将数据从端口 port 传送到累加器中，OUT 指令是将数据从累加器传送到端口 port 中，AC 表示累加器 AL 或 AX。

例 IN   AL，20H ；将 20H 端口中的一个字节送 AL。

　　　OUT   DX，AX ；将 AL 的内容送 DX 所指端口，AH 的内容送 DX+1 所指端口。

注意：

a）外设的端口地址可以是 8 位立即数表示的直接地址，即直接端口寻址范围为 0～255，

例如：OUT 378H，AL 是错误的。也可以用 DX 寄存器的内容作为端口地址，即寄存器间接寻址方式，寻址范围为 0～65536。当端口地址超过 256 时，必须用 DX，而端口地址小于 256时，也可用 DX。

例　IN　AL，3FH

　　　MOV DX，3FH

　　　OUT DX，AX

b）IN、OUT 指令可以实现字节数据传送，也可以实现字数据传送，但只能实现累加器与端口之间的数据传送，其他寄存器是不能代替累加器的。如指令 IN BL，20H 是错误的。

c）当 I/O 端口与内存统一编址时，不能用输入/输出指令。此时采用访问存储器的指令来访问 I/O 端口。

（2）换码指令

格式：XLAT

功能：在以 BX 内容为首地址的表格中，取出以 AL 内容为位移量之处的数据，并送入AL 寄存器。常用于代码转换。

代码转换的方法：

a）建立一个字节表格，该表的最大容量为 256 字节，表格的内容就是所要换取的代码。

b）将表格首地址存入 BX。

c）将需要换取的代码的序号（即相对于表格首地址的位移量）存入 AL。

d）执行 XLAT 指令，转换后的代码就在 AL 中。

例　若要将十进制数 0～9 转换成共阳极 LED 显示的字形代码，则列表如表 3-1 所示。

表 3-1　十进制数 0～9 转换成 LED 显示的字形代码

十进制数（BCD 码）	字 形 代 码
0	40H
1	79H
2	24H
3	30H
4	19H
5	12H
6	02H
7	78H
8	00H
9	18H

假设字形代码表存放在偏移地址为 200H 开始的数据段中，取出"5"所对应的代码，则

MOV　　BX，200H

MOV　　AL，5

XLAT

3．地址传送指令

地址传送指令有 3 条，即取有效地址指令 LEA、将地址指针装入 DS 指令 LDS 和将地址指针装入 ES 指令 LES。

（1）取有效地址指令 LEA

格式：LEA　寄存器，源操作数

功能：把源操作数的偏移地址送入指定的寄存器中。通常用来建立串操作指令所需的寄存器指针。

例如：LEA　BX，BUFFER；把变量 BUFFER 的有效地址 EA 送到 BX。

注意：

a）格式中的"寄存器"，必须是一个 16 位的通用寄存器。

b）源操作数必须是一个内存单元地址，即必须采用存储器寻址方式。

c）LEA 指令不影响标志位。

d）注意 LEA 与 MOV 的区别：

LEA　AX，[3721H]；此指令执行后，AX=3721H

MOV　AX，[3721H]；此指令执行后，AX 的值是 DS：3721H 内存单元中的内容。

（2）将地址指针装入 DS 指令 LDS

格式：LDS　寄存器，源操作数

功能：完成一个地址指针的传送。地址指针包括偏移地址和段地址，它们已经分别存放在由源操作数给出最低地址的 4 个连续存储单元中（存放了一个 32 位的双字数据），该指令将该数据的高 16 位（段地址）送入 DS，低 16 位（偏移地址）送入目的操作数所指出的一个 16 位通用寄存器或变址寄存器中。

例如：LDS　SI，[2100H]

将地址为 2100H 和 2101H 的内存单元中的 16 位数据作为偏移量，送入 BX 寄存器；将地址为 2102H 和 2103H 的内存单元中的 16 位数据作为段值，送入 DS 寄存器。

（3）将地址指针装入 ES 指令 LES

格式：LES　寄存器，源操作数

功能：完成一个地址指针的传送。地址指针包括偏移地址和段地址，它们已经分别存放在由源操作数给出最低地址的 4 个连续存储单元中（存放了一个 32 位的双字数据），该指令将该数据的高 16 位（段地址）送入 ES，低 16 位（偏移地址）送入目的操作数所指出的一个 16 位通用寄存器或变址寄存器中。

注意：

a）LDS 和 LES 指令中的寄存器不允许是段寄存器。

b）LDS 和 LES 指令均不影响标志位。

4．标志传送指令

标志传送指令有 4 条，即标志读取指令 LAHF、标志设置指令 SAHF、标志寄存器压入堆栈指令 PUSHF 和标志寄存器从堆栈弹出指令 POPF。

（1）标志读取指令 LAHF

格式：LAHF

功能：将标志寄存器 FLAGS 中的低 8 位传送至 AH 中。

（2）标志设置指令 SAHF

格式：SAHF

功能：把 AH 的内容传送至标志寄存器 FLAGS 的低 8 位。

SAHF 指令可能会改变 SF、ZF、AF、PF 和 CF 标志位，但不影响位于高字节的 OF、DF、IF 和 TF 标志。

（3）标志寄存器压入堆栈指令 PUSHF

格式：PUSHF

功能：将标志寄存器的内容压入堆栈顶部，同时修改堆栈指针，但不影响标志位。即（SP）← （SP）-2，（（SP）+1，（SP））←（PSW）。

（4）标志寄存器从堆栈弹出指令 POPF

格式：POPF

功能：把当前堆栈顶部的一个字传送到标志寄存器，同时修改堆栈指针，影响标志位。即（PSW）←（（SP）+1，（SP）），（SP）←（SP）+2。

注意：

a）LAHF、PUSHF 不影响标志位，SAHF、POPF 由装入的值确定标志位的值，即影响标志位。

b）PUSHF 和 POPF 一般分别用于子程序或中断服务程序的首尾，起保护主程序标志和恢复主程序标志的作用。

3.3.2　算术运算指令

算术运算类指令涉及无符号数和有符号数两种类型数据。该类指令分为加、减、乘、除 4 种类别的指令。

1. 加法指令

（1）不带进位加法指令 ADD

格式：ADD　目的操作数，源操作数

功能：完成两个操作数求和运算，并把结果送到目的操作数中。

注意：

a）ADD 指令影响 CF、OF、AF、SF、ZF 和 PF 标志位。

b）源操作数和目的操作数不能同时为存储器操作数。

例如：MOV　AL，46H；AL=46H

　　　ADD　AL，0C5H；（AL）+ 0C5H→AL

c）对于有符号数和无符号数，虽然减法、加法采用同一套指令，但运算结果是否溢出的判别方法不一样。对有符号数，采用双高位判别法；对无符号数，则看运算结果是否超过了最大表示范围，即有进位就是有溢出。

（2）带进位加法指令 ADC

格式：ADC　目的操作数，源操作数

功能：两个操作数相加时，还要加上进位标志 CF，并把结果送到目的操作数中。

例如：

MOV AX，[0100H]

ADD AX，[0200H]

MOV [0300H]，AX ；低字之和存入 C 单元。

MOV AX，[0100H]+2 ；装入高字。

ADC AX，[0200H]+2 ；高字求和，考虑低字的进位。

MOV [0300H]+2，AX ；存入高字之和。

注意：

a）ADC 主要用来实现多字节、多精度加法，因为它能加上低位来的进位。

b）ADC 对标志位的影响与 ADD 相同。

（3）自增指令 INC

格式：INC 目的操作数

功能：将目的操作数加 1，结果再送回目的操作数。

注意：

a）该指令影响标志位 SF、ZF、AF、PF、OF，不影响 CF。

b）主要用于在循环程序中修改地址指针和循环次数。

c）目的操作数可以是寄存器操作数、存储器操作数。

例如：INC SI；将 SI 内容加 1，结果送回 SI。

2．减法指令

（1）不带借位的减法指令操作数

格式：SUB 目的操作数，源操作数

功能：（目的操作数）← （目的操作数）–（源操作数）。

例如：MOV DL，41H

SUB DL，5AH

注意：

a）可以进行 8 位、16 位的无符号数和有符号数的减法运算。

b）源操作数和目的操作数不能同时为存储器操作数，且目的操作数不能是立即数、CS、IP。

c）该指令影响标志位 SF、ZF、AF、PF、OF、CF。

（2）带借位的减法指令 SBB

格式：SBB 目的操作数，源操作数

功能：两个操作数相减时，还要再减去借位标志 CF，并把结果送到目的操作数中。

注意：

a）SBB 指令对状态标志位的影响与 SUB 指令相同。

b）它的用法与 ADC 指令相似，主要用来执行多字节、多精度减法，因为它能够减去低位产生的借位。

（3）自减指令 DEC

格式：DEC 目的操作数

功能：将目的操作数减 1，并将结果送回目的操作数。

例如：DEC　　[BX+SI]；DS 段有效地址为 BX+SI 的存储单元内容减 1。

注意：

a）相减时，把操作数作为一个无符号二进制数来对待。

b）DEC 指令执行结果影响 OF、AF、SF、ZF 和 PF 标志位，但不影响进位标志 CF。

（4）取负指令 NEG（即求补指令）

格式：NEG　　目的操作数

功能：用 0 减去目的操作数，再将结果送回目的操作数。

例如：NEG AL

若(AL)=03H，则 CPU 执行完该指令后，(AL)=0FDH。

注意：

a）无论目的操作数是正数还是负数，执行完该指令后，都相当于对目的操作数按位取反，末位加 1。

b）该指令影响 CF、OF、AF、SF、ZF 和 PF 标志位。只有当目的操作数为 0 时，CF 才为 0，否则 CF 为 1。

（5）比较指令 CMP（Comparc）

格式：CMP　　目的操作数，源操作数

功能：将目的操作数减去源操作数，结果不送回目的操作数，按照定义设置相应的状态标志。

3．乘法指令

（1）无符号数乘法指令 MUL

格式：MUL　源操作数

功能：AL 乘以源操作数，16 位乘积存放在 AX 中；或 AX 乘以源操作数，32 位乘积存放在 DX、AX 中。

（2）符号数乘法 IMUL

格式：IMUL　　源操作数

功能：AL 乘以源操作数，16 位乘积存放在 AX 中；或 AX 乘以源操作数，32 位乘积存放在 DX、AX 中。

例如：MUL　DL　；DL 中的内容与 AL 中的内容相乘，结果放在 AX 中。

　　　　IMUL BX　；AX 和 BX 中的两个 16 位有符号数相乘，结果放在 DX 和 AX 中。

注意：

a）乘法指令中只给出一个源操作数，它作为乘数，另一个乘数隐含给出，当源操作数是 8 位时，另一个乘数放在 AL 中；当源操作数是 16 位时，另一个乘数放在 AX 中。

b）存放乘法指令积的寄存器也是隐含给出，当源操作数是 8 位时，存放乘积的寄存器是 AX；当源操作数是 16 位时，存放乘积的低 16 位寄存器是 AX，高 16 位寄存器是 DX。

c）乘法指令会影响标志位 CF、OF。对 MUL 指令来说，若乘积的高一半（AH 或 DX）为 0，则 OF=CF=0；否则 OF=CF=1。对 IMUL 指令来说，若乘积的高一半是低一半的符号扩展，则 OF=CF=0；否则均为 1。

4．除法指令

（1）无符号数除法指令 DIV

格式：DIV　　源操作数

功能：

a）无符号字除法：DX 和 AX 表示的 32 位数除以源操作数，得到 16 位的商放在 AX 中，16 位的余数放在 DX 中。

b）无符号字节除法：AX 表示的 16 位数除以 8 位的源操作数，得到 8 位的商放在 AL 中，8 位的余数放在 AH 中。

（2）整数（有符号数）除法指令 IDIV

格式：IDIV　　源操作数

功能：

a）有符号字除法：DX 和 AX 表示的 32 位数除以源操作数，得到 16 位的商放在 AX 中，16 位的余数放在 DX 中。

b）有符号字节除法：AX 表示的 16 位数除以 8 位的源操作数，得到 8 位的商放在 AL 中，8 位的余数放在 AH 中。

（3）扩展指令

格式：CBW

　　　CWD

功能：CBW 将字节扩展成字，即将 AL 寄存器中的符号位扩展到 AH 中；CWD 将 AX 中的被除数扩展成双字，即把 AX 中的符号位扩展到 DX 中。

注意：

a）除法指令中的源操作数作除数，被除数隐含给出，当源操作数是 8 位时，被除数一定是 16 位数且被放在 AX 中；当源操作数是 16 位时，被除数一定是 32 位数且低 16 位放在 AX 中，高 16 位放在 DX 中。

b）除法指令对标志位没有定义。

c）除法指令会产生结果溢出。当被除数远大于除数时，所得的商就有可能超出它所能表达的范围。如果存放商的寄存器 AL/AX 不能表达，便产生溢出，8086 微处理器中产生编号为 0 的内部中断——除法错中断。

对 DIV 指令，若除数为 0，或者在字节除时商不在 0～+255 范围内，或者在字除时商不在 0～65535 范围内，则发生除法溢出；

对 IDIV 指令，若除数为 0，或者在字节除时商不在-128～+127 范围内，或者在字除时商不在-32768～+32767 范围内，则发生除法溢出。

d）由于除法指令中的字节运算要求被除数为 16 位数，而字运算要求被除数是 32 位数，因此在 8086 微处理器中，常常需要用符号扩展的方法取得被除数所要的格式。例如，当被除数与除数位数相同时，必须进行扩展处理，即用 CBW 进行字扩展，用 CWD 进行双字扩展。

3.3.3　逻辑运算和移位指令

为了处理字节或字中各位的信息，8086 微处理器指令系统提供了两组处理指令，即逻辑运算指令和移位指令。

1. 逻辑运算指令

（1）逻辑与运算

格式：AND 目的操作数，源操作数

功能：将目的操作数与源操作数按位进行"与"运算，结果送回目的操作数。

注意：

a）AND 指令中操作数不能同时为存储器操作数，目的操作数不能为立即数。

b）AND 指令执行后，CF=OF=0，AF 未定义，SF、ZF、PF 根据运算结果设置。

c）AND 指令一般用来对一个数据的指定位清零，而其余位保持不变。

（2）逻辑或运算

格式：OR 目的操作数，源操作数

功能：将目的操作数与源操作数按位进行"或"运算，结果送回目的操作数。

注意：

a）OR 指令中操作数不能同时为存储器操作数，且目的操作数不能为立即数。

b）OR 指令执行后，CF=OF=0，AF 未定义，SF、ZF、PF 根据运算结果设置。

c）OR 指令一般用来对一个数据的指定位置 1，而其余位保持不变。

（3）逻辑异或运算

格式：XOR　目的操作数，源操作数

功能：将目的操作数与源操作数按位进行"异或"运算，结果送回目的操作数。

注意：

a）XOR 指令是使操作数初值清零的有效方法。

b）XOR 指令执行后，CF=OF=0，AF 未定义，SF、ZF、PF 根据运算结果设置。

c）XOR 指令一般用来对一个数据的指定位取反，而其余位保持不变。

（4）逻辑非运算

格式：NOT 目的操作数

功能：将目的操作数按位进行"非"运算，结果送回目的操作数。

注意：

a）NOT 指令属于单操作数指令。

b）NOT 指令不影响标志位。

c）NOT 易与 NEG 指令混淆。

（5）测试指令

格式：TEST　目的操作数，源操作数

功能：将目的操作数与源操作数按位进行"与"运算，结果不送回目的操作数，仅改变标志位。

注意:

a)TEST 指令完成 AND 指令同样的操作,但不送回"与"操作结果,只是使结果反映在标志位上。

b)TEST 指令常常用来检测指定位是 1 还是 0。

逻辑运算举例:

① AND 指令可用于复位某些位(同 0 相与),不影响其他位。

AND　BL,11110110B;将 BL 中 D3 和 D0 位清零,其他位不变。

② OR 指令可用于置位某些位(同 1 相或),不影响其他位。

OR　BL,00001001B;将 BL 中 D3 和 D0 位置 1,其他位不变。

③ XOR 指令可用于求反某些位(与 1 相"异或"的结果取反),不影响其他位。

XOR　BL,00001001B;将 BL 中 D3 和 D0 位求反,其他位不变。

2. 移位指令

8086 微处理器有两大类移位指令,即非循环移位指令和循环移位指令。通过移位指令,可以对寄存器或内存单元中的 8 位或 16 位操作数进行移位。

(1)非循环移位指令

格式:SHL　目的操作数,计数值

　　　SHR　目的操作数,计数值

　　　SAL　目的操作数,计数值

　　　SAR　目的操作数,计数值

功能:

逻辑左移指令 SHL 和算术左移指令 SAL 的操作功能完全相同,即依次左移,最低位补 0,最高位移入 CF;

逻辑右移指令 SHR:依次右移,最低位移入 CF,最高位补 0;

算术右移指令 SAR:依次右移,最低位移入 CF,最高位不变。

非循环移位指令所执行的操作如图 3-8 所示。

图 3-8　非循环移位指令操作示意图

例如:

SAL BX,1;将 BX 中的值算术左移 1 位,最低位补 0,相当于 BX 的内容乘以 2。

SHL BX, CL; 将 BX 中的值逻辑左移 n 次，CL 给出 n 的值，每移一次，最低位补 0 一次。

注意：

a）算术左移 SAL 与逻辑左移 SHL 实为同一条指令，它们是一条机器指令的两种汇编指令表示。

b）目标操作数可以是通用寄存器或存储器操作数，计数值为移位次数，如果移位次数是 1 次，则可以直接出现在指令中；如果移位次数大于 1 次，则由 CL 寄存器间接给出。最多可移位 255 位。

c）算术右移保持目的操作数的符号位（最高位）不变。算术左移或右移 n 位，相当于把二进制数乘以或除以 2^n。

d）移位指令影响标志位 CF、PF、SF、ZF、OF。

● CF 总是等于目的操作数最后移出的那一位的值；

● OF 的设置方法：若只左移一位，如果最高位和 CF 不同，则 OF=1，否则 OF=0。

e）对 SAL 或 SHL 指令，若目标操作数为无符号数，且移位后值小于 255（字节移位）或小于 65535（字移位），则左移一位相当于数值乘以 2；若目标操作数是带符号数，移位后不溢出，则执行一次 SAL 指令相当于带符号数乘以 2。

f）SAR 指令可用于用补码表示的带符号数的除 2 运算。

g）SHR 指令可用于无符号数的除 2 运算。

（2）循环移位指令

格式：ROL 目的操作数，计数值

（a）不带进位循环左移 ROL

（b）不带进位循环右移 ROR

（c）带进位循环左移 RCL

（d）带进位循环右移 RCR

图 3-9 循环移位指令操作示意图

ROR   目的操作数，计数值

RCL   目的操作数，计数值

RCR   目的操作数，计数值

功能：

不带进位循环左移指令 ROL：每移一次，最高位进入 CF 和最低位，其余依次向左移；

不带进位循环右移指令 ROR：每移一次，最低位进入 CF 和最高位，其余依次向右移；

带进位循环左移指令 RCL：每移一次，最高位进入 CF，原来的 CF 进入最低位，其余依次向左移；

带进位循环右移指令 RCR：每移一次，最低位进入 CF，原来的 CF 进入最高位，其余依次向右移。

循环移位指令所执行的操作如图 3-9 所示。

例如：计算 $a \times 3 + b \times 9$。

```
MOV    SI, a
SHL    SI, 1
```

```
ADD    SI, a
MOV    DX, b
MOV    CL, 03h
SHL    DX, CL
ADD    DX, b
ADD    DX, SI
```

注意：

a）指令中的目的操作数可以是字节或字，且只能是寄存器或存储器操作数，计数值可以是 1 或 CL，最多可移位 255 位。

b）循环移位指令只影响标志位 CF 和 OF，不影响其他标志位：

CF 中总是保存着从一端移出的那一位信息。

当在移位后使操作数的最高位和次高位不等时，OF=1，否则 OF=0。

c）循环移位指令与移位指令的最大区别是循环移位指令移位后，操作数中原来各数位的信息不会丢失，只是移动了位置。

3.3.4　串操作指令

8086 微处理器提供了串操作指令，使长字符串的处理更快速、更方便。共有 5 条串操作指令和 3 条重复前缀指令。

1．串操作指令

（1）串传送指令

格式：MOVSB

　　　MOVSW

功能：MOVSB 是将 DS∶SI 逻辑地址所指存储单元的字节传送到 ES∶DI 逻辑地址所指的存储单元中，当 DF=0 时，SI 和 DI 均增 1；当 DF=1 时，SI 和 DI 均减 1。

MOVSW 是将 DS∶SI 逻辑地址所指存储单元的字传送到 ES∶DI 逻辑地址所指的存储单元中，当 DF=0 时，SI 和 DI 均增 2；当 DF=1 时，SI 和 DI 均减 2。

例如：

```
        MOV SI, 2000H
        MOV DI, 3000H
        MOV CX, 100     ; CX←传送次数
        CLD             ; 设置 DF=0，实现地址增加
again:  MOVSB           ; 传送 1 字节
        DEC CX          ; 传送次数减 1
        JNZ   again     ; 判断传送次数 CX 是否为 0，若不为 0，则转移 again 处执行
        ……            ; 否则，继续
```

（2）串比较指令

格式：CMPSB

　　　CMPSW

功能：CMPSB 是将 DS∶SI 逻辑地址所指存储单元的字节与 ES∶DI 逻辑地址所指的存储单元中的字节相比较，当 DF=0 时，SI 和 DI 均增 1；当 DF=1 时，SI 和 DI 均减 1。CMPSW

是将 DS∶SI 逻辑地址所指存储单元的字与 ES∶DI 逻辑地址所指的存储单元中的字相比较，当 DF=0 时，SI 和 DI 均增 2；当 DF=1 时，SI 和 DI 均减 2。

例 比较从逻辑地址 2000H∶100H 开始的 10 字节与从逻辑地址 4000H∶200H 开始的 10 字节是否对应相等，相等则设置 00h 标记，否则设置 FFH 标记。

```
            MOV DS，2000H；
            MOV ES，4000H；
            MOV SI，100H；
            MOV DI，200H；
            MOV CX，10；
            CLD
again:      CMPSB              ; 比较两个字符
            JNZ unmat          ; 有不同字符，转移到 unmat
            DEC CX
            JNZ again          ; 进行下一个字符的比较
            MOV AL，0          ; 字符串相等，设置 00h 标记
            JMP output         ; 转向 output
unmat:      MOV AL，0FFH       ; 设置 FFH 标记
output:     MOV result，AL     ; 输出结果标记
```

（3）串检索指令

格式：SCASW

　　　　SCASB

功能：SCASB/SCASW 在字符串中查找一个与已知数值相同或不同的元素。SCASB 将 AL 中的字节与逻辑地址 ES∶DI 所指单元中的字节相比较。当 DF=0 时，DI 增 1；当 DF=1 时，DI 减 1。SCASW 将 AX 中的字与逻辑地址 ES∶DI 所指单元中的字相比较，当 DF=0 时，DI 增 2；当 DF=1 时，DI 减 2。这两条指令都是通过影响标志位 AF、CF、OF、PF、SF 和 ZF 来反映比较结果的，不改变被比较的两个操作数。

例 在从逻辑地址 9000H∶100H 开始的 10 个单元中寻找空格，遇到第一个空格即跳转到 found。

```
            MOV ES，9000H
            MOV DI，100H
            MOV AL，20H        ; 空格的 ASCII 码 0x20H
            MOV CX，10
            CLD                ; DF=0，增址；
again:      SCASB              ; 搜索，即 AL-ES:[DI]
            JZ  found          ; 为 0（ZF=1），发现空格
            DEC CX             ; 不是空格
            JNZ again          ; 搜索下一个字符
            ……               ; 若不含空格，则继续执行
found:      ……
```

（4）取字符串指令

格式：LODSB

　　　　LODSW

功能：LODSB 将逻辑地址 DS：SI 所指单元中的字节取到 AL 中，当 DF=0 时，SI 增 1；当 DF=1 时，SI 减 1。LODSW 将逻辑地址 DS：SI 所指单元中的字取到 AX 中，当 DF=0 时，SI 增 2；当 DF=1 时，SI 减 2。

例　将 100H：20H 单元开始的 10 字节的内容均加 6。

```
        CLD             ; 方向标志清零，SI 递增
        MOV  CX, 10     ; 置计数初值 10
        MOV  DS, 100H   ; 置 DS 为 100H
        MOV  SI, 20H    ; 置 SI 为 20，作为初始地址指针
again:  LODSB           ; 取 1 字节到 AL 中，并使 SI 增 1
        ADD  AL, 6      ; 加 6
        MOV  [SI], AL   ; 处理结果送回
        DEC  CX         ; 计数值减 1
        JNZ  again      ; 若未处理完，转 again
        ……
```

（5）串存储指令

格式：STOSB

　　　STOSW

功能：STOSB 把 AL 中的值存到逻辑地址 ES：DI 所指单元中，当 DF=0 时，DI 增 1；当 DF=1 时，DI 减 1。STOSW 把 AX 中的值存到逻辑地址 ES：DI 所指单元中，当 DF=0 时，DI 增 2；当 DF=1 时，DI 减 2。

例　将从 100H：20H 开始的 128 个单元清零。

```
        CLD             ; 清除方向标志，DI 递增
        MOV  CX, 0080H  ; 置计数初值 128
        MOV  ES, 100H   ; 置 ES 为 100H
        MOV  DI, 20H    ; 置 DI 为 20H，作为初始地址指针
        XOR  AL, AL     ; AL 清零
again:  STOSB           ; 将 128 字节清零
        DEC  CX
        JNZ again
        ……
```

2. 重复前缀指令

串操作指令每执行一次，仅对数据串中的一个字节或字进行操作。如果在串操作指令前加一个重复前缀，则可实现串操作的重复执行。重复次数隐含在 CX 寄存器中。

影响标志位的 CMPS 和 SCAS 指令前可以添加前缀 REPZ 和 REPNZ。

（1）REP 前缀

REP 前缀配合不影响标志位的 MOVS、STOS 和 LODS 指令使用。

格式：REP　　　串操作指令

功能：在串未结束（CX≠0）的情况下操作重复，即 CX 减 1，并判断 CX，若 CX≠0，则操作重复；若 CX=0，则退出。

例　下列程序可改用重复前缀。

```
            MOV SI，2000H
            MOV DI，3000H
            MOV CX，100        ；CX←传送次数
            CLD               ；设置 DF=0，实现地址增加
    again:  MOVSB             ；传送 1 字节
            DEC CX            ；传送次数减 1
            JNZ  again        ；判断传送次数 CX 是否为 0，若不为 0，则转移 again 处执行
            ……               ；否则，继续
```

使用重复前缀后，代码如下：

```
    MOV SI，2000H
    MOV DI，3000H
    MOV CX，100        ；CX←传送次数
    CLD               ；设置 DF=0，实现地址增加
    REP   MOVSB        ；传送 1 字节
```

（2）REPZ 和 REPNZ 前缀

REPZ/REPE 前缀和 REPNZ/REPNE 前缀配合影响标志位的 CMPS 和 SCAS 指令使用。

格式：REPE　　串操作指令　或　REPZ　　串操作指令

　　　 REPNE　串操作指令　或　REPNZ　串操作指令

功能：REPE/REPZ 在串未结束且串相等的情况下操作重复，即 CX 减 1，并判断 CX 和 ZF，若 CX≠0 且 ZF=1（比较相等），则操作重复。

注意：

REPZ/REPNZ 的退出有两种情况：①当 CX=0 时退出；②当 ZF 标志位条件不满足时退出。因此，在实际使用中必须安排 ZF 标志位检测指令 JZ 判断究竟是哪一种退出。

例　在从逻辑地址 9000H：100H 开始的 10 个单元中寻找空格，遇到第一个空格即跳转到 found。

```
            MOV ES，9000H
            MOV DI，100H
            MOV AL，20H        ；空格的 ASCII 码 0x20H
            MOV CX，10
            CLD               ；DF=0，增址；
            REPNE SCASB       ；搜索，即 AL-ES：[DI]
            JZ  found         ；为 0（ZF=1），发现空格
            ……               ；若不含空格，则继续执行
    found:  ……
```

3.3.5　控制转移指令

从 CPU 的基本工作原理可以知道，指令的执行分为两种情况：一种是按顺序逐条执行指令，另一种是按需要改变程序执行的正常顺序并转移到所要求的程序地址执行。后者由控制转移类指令来实现。

8086 微处理器有 5 种转移指令：无条件跳转指令、条件跳转指令、循环控制指令、子程序调用和返回指令、中断指令。

1. 无条件跳转指令

格式：JMP　　目标地址

功能：使程序无条件地转移到指定的目标地址处。

目标地址的寻址方式分为直接寻址和间接寻址两种方式，而目标地址的分布范围分为段内转移和段间转移，因此，JMP 指令可分为 4 种类型：①段内转移、直接寻址；②段内转移、间接寻址；③段间转移、直接寻址；④段间转移、间接寻址。

转移地址直接在指令的机器代码中，就是直接寻址；转移地址在寄存器或主存单元中，并通过它们来间接寻址，就是间接寻址方式。

段内转移或近转移（Near Jump）是指在当前代码段 64KB 范围内转移，不需要更改 CS 段地址，只需要改变 IP 偏移地址。如果转移距离可用 1 字节（−128～+127）来表示，就形成了所谓的"短转移"（Short Jump）。段间转移或远转移（Far Jump）是指从当前代码段跳转到另一个代码段，需要更改 CS 段地址和 IP 偏移地址。

实际编程时，汇编程序会根据目标地址的距离，自动处理成短转移、近转移或远转移。程序员也可以用操作符 short、near ptr 或 far ptr 进行强制约定。

（1）段内转移、直接寻址

格式：JMP　　label

功能：IP←IP+位移量，而位移量是紧接着 JMP 指令后的那条指令的偏移地址到目标指令的偏移地址的地址位移。当向地址增大的方向转移时，位移量为正；向地址减小的方向转移时，位移量为负。该指令不修改 CS 寄存器的内容。例如：

```
JMP   again                  ; 转移到 again 处继续执行
      ……
again:   DEC CX               ; 标号 again 的指令
      ……
      JMP   output           ; 转向 output
      ……
output:   MOV  result，AL     ; 标号 output 的指令
```

（2）段内转移、间接寻址

格式：JMP　　寄存器/mem

功能：将一个 16 位寄存器或主存字单元内容送入 IP 寄存器，作为新的指令指针，但不修改 CS 寄存器的内容。

例如：　JMP　　AX　　　　　　　　; IP←AX
　　　　JMP　　word ptr [2000h]　　; IP←[2000h]

（3）段间转移、直接寻址

格式：JMP　　far ptr label

功能：将标号所在段的段地址作为新的 CS 值，标号在该段内的偏移地址作为新的 IP 值。

（4）段间转移、间接寻址

格式：JMP　　far ptr mem

功能：用一个双字存储单元表示要跳转的目标地址。这个目标地址存放在主存中连续的两个字单元中，低位字送入 IP 寄存器，高位字送入 CS 寄存器。

例如：

```
MOV    word ptr [BX]，0
MOV    word ptr [BX+2]，1000h
JMP    far [BX]                ；转移到 1000h：0h
```

① JMP SHORT MI；SHORT 为短程属性算符，属于段内直接转移。

② JMP NEAR PRT M2；NEAR 为近程属性算符，属于段内直接转移。

③ JMP CX ；转移地址的偏移量由 CX 指出，属于段内间接转移。

④ JMP FAR PTR M3；FAR 为远程属性算符，属于段间直接转移。

⑤ JMP DWORD PTR [SI]；DWORD 为双字属性算符，段地址和偏移量放在 SI、SI+1、SI+2、SI+3 这 4 个单元中，前两个单元的内容作为偏移量，后两个单元的内容作为段地址；属于段间间接转移。

注意：

a）如果目标地址在 JMP 指令所在的代码段内，属于段内跳转，指令只需修改 IP 内容，如例①、②和③。如果目标地址在 JMP 指令所在的代码段外，属于段间跳转，需要修改 CS、IP，如例④和⑤。

b）无条件跳转指令不影响标志位。

2．条件跳转指令

格式：JCC   label

功能：如果指令中指定的条件 CC 成立，程序转移到由标号 label 指定的目标地址去执行指令；如果条件不成立，则程序将顺序执行下一条指令。

注意：

a）操作数 label 是一个 8 位的偏移量，表示 JCC 指令后那条指令的地址到目标指令地址的偏移量。8 位偏移量是相对于当前 IP 的，即距当前 IP 为-128～+127 个单元的范围内，属于段内短距离转移。因此，JCC 目标地址采用的寻址方式为相对寻址方式。

b）JCC 指令本身为 2 字节，条件不满足时将顺序执行，即当前指令偏移指针 IP 加 2。

c）条件转移指令中的条件 CC 如表 3-2 所示。

表 3-2   条件转移指令中的条件 CC

助 记 符	标 志 位	说 明	助 记 符	标 志 位	说 明
JZ/JE	ZF=1	等于零/相等	JC/JB/JNAE	CF=1	进位/低于/不高于等于
JNZ/JNE	ZF=0	不等于零/不相等	JNC/JNB/JAE	CF=0	无进位/不低于/高于等于
JHS	SF=1	符号为负	JBE/JNA	CF=1 或 ZF=1	低于等于/不高于
JNS	SF=0	符号为正	JNBE/JA	CF=0 且 ZF=0	不低于或不等于/高于
JP/JPE	PF=1	"1" 的个数为偶	JL/JNGE	SF≠OF	小于/不大于或等于
JNP/JPO	PF=0	"1" 的个数为奇	JNL/JGE	SF=OF	不小于/大于或等于
JO	OF=1	溢出	JLE/JNG	ZF≠OF 或 ZF=1	小于或等于/不大于
JNO	OF=0	无溢出	JNLE/JG	SF=OF 且 ZF=0	不小于或不等于/大于

d）JCC 指令不影响标志，但要利用标志位。据此将 JCC 指令分成以下 4 种情况。

（1）判断单个标志位状态的 JCC 指令

这组指令单独判断 5 个状态标志之一。

① JZ/JE 和 JNZ/JNE：利用零标志 ZF，判断结果是否为零（或相等）。

② JS 和 JNS：利用符号标志 SF，判断结果是正还是负。

③ JO 和 JNO：利用溢出标志 OF，判断结果是否产生溢出。

④ JP/JPE 和 JNP/JPO：利用奇偶标志 PF，判断结果中"1"的个数是偶数还是奇数。

⑤ JC/JB/JNAE 和 JNC/JNB/JAE：利用进位标志 CF，判断结果是否进位还是借位。

例　用条件跳转指令实现程序的循环。

```
        MOV    SI, 2000H
        MOV    DI, 3000H
        MOV    CX, 50
again:  MOVSB
        DEC    CX
        JNZ    again
        ……
```

（2）比较无符号数高低

无符号数的大小用高（Above）、低（Below）表示，利用进位标志 CF 确定高、低，利用零标志 ZF 确定相等（Equal）。两数的高、低可分成 4 种关系。

① 低于（不高于或不等于）：　JB（JNAE）；

② 不低于（高于或等于）：　JNB（JAE）；

③ 低于或等于（不高于）：　JBE（JNA）；

④ 不低于或不等于（高于）：　JNBE（JA）。

例　设有 2 个无符号字节数存放在以 010H 单元为首地址的数据缓冲区中,试编程把较高的数送至 060H 单元中。

```
        MOV  SI, 010H      ; 首地址 010H 送 SI
        MOV  AL, [SI]      ; 取第一个数据
        CMP  AL, [SI+1]    ; 与第二个数相比较
        JA resu            ; 如果高于第二个数, 转 resu
        MOV  AL, [SI+1]    ; 取第二个数
resu:   MOV  SI, 060H      ; 将较高的数送至 060H
        MOV  [SI], AL
```

（3）比较有符号数大小

比较有符号数的大（Greater）、小（Less），需组合 OF、SF 标志，并利用 ZF 标志确定是否相等（Equal）。两数的大、小可分成 4 种关系。

① 小于（不大于或不等于）：　JL（JNGE）；

② 不小于（大于或等于）：　JNL（JGE）；

③ 小于或等于（不大于）：　JLE（JNG）；

④ 不小于或不等于（大于）：　JNLE（JG）。

例　设 2 个有符号字节数存放在以 010H 单元为首地址的数据缓冲区中,试编程把较高的数送至 060H 单元中。

```
          MOV   SI, 010H        ; 首地址 010H 送 SI
          MOV   AL, [SI]        ; 取第一个数据
          CMP   AL, [SI+1]      ; 与第二个数相比较
          JG    resu            ; 如果高于第二个数，转 resu
          MOV   AL, [SI+1]      ; 取第二个数
resu:     MOV   SI, 060H        ; 将较高的数送至 060H
          MOV   [SI], AL
```

3. 循环控制指令

格式：LOOP　　目标地址

　　　　LOOPZ/LOOPE　　目标地址

　　　　LOOPNZ/LOOPNE　　目标地址

功能：对 LOOP 来说，先将 CX 减 1，如果 CX≠0，转目标地址继续，否则跳出循环；对 LOOPZ/LOOPE 来说，先将 CX 减 1，若 CX≠0 且 ZF=1，转目标地址继续，否则跳出循环；对 LOOPNZ/LOOPNE 来说，先将 CX 减 1，若 CX≠0 且 ZF=0，转目标地址继续，否则跳出循环。

例　编程求 1+2+3+4+…+50。

```
          MOV   CX, 50         ; 置循环计数初值 50
          MOV   AX, 0          ; 求和寄存器 AX 清零，
SUM：     ADD   AX, CX         ; 把 CX 计数值累加入 AX
          LOOP  SUM            ; CX=CX-1，当 CX≠0 时再循环
          RET                  ; 返回，结果在 AX 中
```

注意：

a）循环控制指令是一种相对转移，所控制的目标地址范围与条件转移指令一样。

b）使用循环控制指令前，必须对 CX 寄存器设置初值。

c）LOOP 退出循环条件是（CX）= 0。

d）LOOPZ 和 LOOPNZ 提供了提前结束循环的可能，不一定要等到（CX）= 0 才退出循环。

e）循环指令不影响状态标志。执行 LOOPZ 和 LOOPNZ 指令时，标志位 OF 不受 CX 值是否为 0 的影响，而是受前面其他指令影响。

4. 子程序调用和返回指令

子程序是完成特定功能的一段程序。当主程序（调用程序）需要执行这个功能时，采用 CALL 调用指令转移到该子程序的起始处执行；当运行完子程序功能后，采用 RET 返回指令回到主程序继续执行。

（1）CALL 指令

与 JMP 指令类似，CALL 指令可分成 4 种类型。

① 段内调用、直接寻址：CALL　　　　label

② 段内调用、间接寻址：CALL　　　　r16/m16

③ 段间调用、直接寻址：CALL　　　　far ptr label

④ 段间调用、间接寻址：CALL　　　　far ptr mem

但不同于 JMP 指令，CALL 指令需要保存返回地址（CALL 指令后的第一条指令地址），具体如下：若属于段内调用，则入栈偏移地址 IP，即 SP←SP-2，SS：[SP]←IP；若属于段间调用，则入栈偏移地址 IP 和段地址 CS，即　SP←SP-2，SS：[SP]←IP；SP←SP-2，SS：[SP]←CS。

（2）RET 指令

根据段内和段间、有无参数，RET 指令可分成 4 种类型。

① 无参数段内返回：RET

② 有参数段内返回：RET i16

③ 无参数段间返回：RET

④ 有参数段间返回：RET i16

不同类型，RET 指令弹出 CALL 指令压入堆栈的返回地址也不同，若是段内返回，则出栈偏移地址 IP，即 IP←SS:[SP]，SP←SP+2；若是段间返回，则出栈偏移地址 IP 和段地址 CS，即 IP←SS:[SP]，SP←SP+2；CS←SS:[SP]，SP←SP+2。

RET 指令可以带有一个立即数 i16，即 RET　i16，i16 为 0～FFFFH 范围中的任意一个 16 位偶数。返回时堆栈指针 SP 将增加，即 SP←SP+i16，作用相当于一批参数出栈。该特点使得程序可以方便地废除若干执行 CALL 指令以前入栈的参数。

5．中断指令

8086 微处理器的中断指令包括软中断指令 INT *n*、溢出中断指令 INTO 和中断返回指令 IRET 等。这些中断指令涉及中断概念，因此将在第 7 章中予以说明。

3.3.6　处理器控制指令

处理器控制类指令包括三类：标志操作指令、8086 微处理器与外部事件同步指令和空操作指令。

1．标志操作指令

（1）进位标志操作指令

CLC　　　；复位进位标志：CF←0

STC　　　；置位进位标志：CF←1

CMC　　　；求反进位标志：CF←～CF

（2）方向标志操作指令

CLD　　　；复位方向标志：DF←0

STD　　　；置位方向标志：DF←1

方向标志操作指令在串操作指令中使用。

（3）中断标志操作指令

CLI　　　；复位中断标志：IF←0

STI　　　；置位中断标志：IF←1

2．8086 微处理器与外部事件同步指令

（1）封锁前缀指令 LOCK

格式：LOCK　指令

功能：总线封锁。

注意：

a）这是一个指令前缀，可放在任何指令前。

b）这个前缀使得在这个指令执行时间内，8086 微处理器的封锁输出引脚有效，即把总线封锁，使其他的控制器不能控制总线；直到该指令执行完后，总线封锁解除。

（2）暂停指令 HLT

格式：HLT

功能：暂停指令使 CPU 进入暂停状态，这时 CPU 不进行任何操作。当 CPU 发生复位或来自外部的中断时，CPU 脱离暂停状态。

HLT 指令可用于程序中等待中断。当程序中必须等待中断时，可用 HLT，而不必用软件死循环。然后，中断使 CPU 脱离暂停状态，返回执行 HLT 的下一条指令。

（3）交权指令 ESC

格式：ESC　　外部操作码，源操作数

功能：这条指令主要用在 8086 微处理器的最大模式下，CPU 与外部处理器（如协处理器 8087）配合工作，指示协处理器完成外部操作码指定的功能。

（4）等待指令 WAIT

格式：WAIT

功能：进入等待状态，直到 CPU 的 TEST 引脚上的信号变为低电平为止。

WAIT 指令一般是和 ESC 指令配合使用的。

3．空操作指令

格式：NOP

功能：该指令不执行任何操作，但占用 1 字节存储单元，占用 3 个时钟周期。

该指令常用于程序调试。例如，在需要预留指令空间时用 NOP 填充，代码空间多余时也可以用 NOP 填充，还可以用 NOP 实现软件延时。

习题三

3.1　什么是零地址指令？什么是一地址指令？什么是二地址指令？

3.2　举例说明与数据有关的 7 种寻址方式。

3.3　寄存器间接寻址方式中可以使用哪些寄存器作为间址寄存器？

3.4　立即寻址方式和寄存器寻址方式的操作数有物理地址吗？

3.5　已知(BX)=1290H, (SI)=348AH, (DI)=2976H, (BP)=6756H, (DS)=2E92H, (ES)=4D82H, (SS)=2030H，请指出下列指令的寻址方式，并求出有效地址 EA 和物理地址：

```
MOV AX，BX
MOV AX，1290H
MOV AX，[BX]
MOV AX，DS：[1290H]
MOV AX，[BP]
MOV [DI][BX]，AX
MOV ES：[SI]，AX
```

3.6 请指出下列指令的错误:

```
MOV AX, [CX]
MOV AL, 1200H
MOV AL, BX
MOV [SI][DI], AX
MOV ES : [DX], CX
MOV [AX], VALUE
MOV COUNT, [SI]
```

3.7 根据题目要求,写出相应的汇编指令:

(1) 把 BX 寄存器的值传送给 AX。

(2) 将立即数 15 送入 CL 寄存器。

(3) 用 BX 寄存器间接寻址方式将存储单元中的字与 AX 寄存器的值相加,结果放在 AX 中。

(4) 把 AL 中的字节写入用基址变址寻址的存储单元中。

(5) 用 SI 寄存器和位移量 VALUE 的寄存器相对寻址方式,从存储单元中读出一个字并送入寄存器 AX。

(6) 将 AX 中的数与偏移地址为 2000H 的存储单元中的数相减,结果放在 AX 中。

3.8 将存储单元 X 中的第 3 个字取出,AX 与其相加再放入 Y 单元。写出分别用下列寻址方式实现的指令序列:

(1) 直接寻址;(2) 寄存器相对寻址;(3) 基址变址寻址。

3.9 根据下列要求,写出相应的汇编指令:

(1) 把 BX 寄存器和 DX 寄存器的内容相加,结果存入 DX 寄存器中。

(2) 用寄存器 BX 和 SI 基地址变址寻址方式把存储器中的一个字节与 AL 寄存器的内容相加,并把结果送到 AL 寄存器中。

(3) 用寄存器 BX 和位移量 0B2H 的寄存器相对寻址方式把存储器中的一个字和(CX)相加,并把结果送回存储器中。

(4) 用位移量为 0524H 的直接寻址方式把存储器中的一个字与数 2A59H 相加,并把结果送回该存储单元中。

(5) 把数 0B5H 与(AL)相加,并把结果送回 AL 中。

3.10 写出把首地址为 BLOCK 的字数组的第 6 个字送回 DX 寄存器的指令。要求使用以下几种寻址方式:

(1) 寄存器间接寻址;(2) 寄存器相对寻址;(3) 基址变址寻址。

3.11 给定(IP)=2BC0H,(CS)=0200H,位移量 D=5119H,(BX)=1200H,(DS)=212AH,(224A0)=0600H,(275B9)=098AH,试为以下的转移指令找出转移的偏移地址。

(1) 段内直接寻址。

(2) 使用 BX 及寄存器间接寻址方式的段内间接寻址。

(3) 使用 BX 及寄存器相对寻址方式的段内间接寻址。

3.12 在 0624 单元内有一条 2 字节 JMP SHORT OBJ 指令,如其中位移量为(1)27H,(2)6BH,(3)0C6H,试问转向地址 OBJ 的值是多少?

3.13 执行下列指令后,AX 寄存器中的内容是什么?

```
        TABLE    DW    10, 20, 30, 40, 50
ENTRY   DW    3
        ......
        MOV   BX, OFFSET TABLE
        ADD   BX, ENTRY
        MOV   AX, [BX]
```

3.14 已知程序段如下：

```
MOV  AX, 1234H
MOV  CL, 4
ROL  AX, CL
DEC  AX
MOV  CX, 4
MUL  CX
INT  20H
```

试问：

（1）每条指令执行完后，AX 寄存器的内容是什么？

（2）每条指令执行完后，进位、符号和零标志的值是什么？

（3）程序结束时，AX 和 DX 的内容是什么？

第4章 汇编语言程序设计

本章要点

◆ 了解汇编语言程序的开发过程
◆ 了解汇编语言程序的格式
◆ 掌握 8086 汇编语言的基本数据
◆ 掌握 8086 伪指令
◆ 掌握汇编语言程序设计的方法
◆ 掌握常用的 DOS 功能调用
◆ 掌握常用的 BIOS 功能调用

4.1 汇编语言概述

计算机程序设计语言一般分为机器语言、汇编语言和高级语言三种。

机器语言就是把控制计算机的命令和各种数据直接用二进制数码表示的一种程序设计语言。机器语言最直接地表示了计算机内部的基本操作，用它编制的程序在计算机中运行的效率最高，即运行速度最快，程序长度最短。

高级语言将计算机内部的操作细节屏蔽起来，用户不需要知道计算机内部数据的传送和处理的细节，使用类似于自然语言的一些语句来编制程序，完成指定的任务。其特点就是程序设计简单，但程序效率较机器语言低。

虽然高级语言方便了人们对计算机的使用，但其运行效率较低。在一些应用场合，如系统管理、实时控制等，难以满足要求。因此又希望使用机器语言，但是机器语言采用二进制数表示内容，既不便于记忆又难以阅读。为了便于记忆和阅读，使用字母和符号来表示机器语言的命令，用十进制数或十六进制数来表示数据，这样的计算机程序设计语言就称为汇编语言。

通过用汇编语言编制程序可以更清楚地了解计算机如何完成各种复杂的工作，在此基础上，程序设计人员能更充分地利用机器硬件的全部功能，发挥机器的长处。在计算机系统中，某些功能必须用汇编语言程序来实现，如机器自检、系统初始化、实际的输入/输出设备的操作等。汇编语言程序的效率高于高级语言程序，一条汇编语言的语句与一条机器语言指令对应，汇编语言程序与机器语言程序效率相同。

4.2 汇编语言程序的格式

一个汇编语言源程序都有大体相同的结构或框架，下面通过一个源程序的框架结构来说明汇编语言程序的格式。

例 4.1

```
1   MY_DATA      SEGMENT  PARA  PUBLIC  'DATA'      ; 定义数据段
2   D1           DB 'hello  world! '                ; 定义变量
3   MY_DATA      ENDS
4   MY_STACK     SEGMENT  PARA  'STACK'             ; 定义堆栈段
5   ST           DB 0AH, 0BH ……
6   MY_STACK     ENDS
7   MY_CODE      SEGMENT                            ; 定义代码段
8                ASSUME  CS：MY_CODE, DS：MY_DATA, SS：MY_STACK
9   START:       MOV  AX, MY_DATA
10               MOV  DS, AX
                 ……                                 ; 程序的主要内容
                 INT  20H
    MY_CODE      ENDS
                 END  START
```

显然，汇编语言程序是由若干个段组成的，段由若干条语句组成。

4.2.1　段

由例 4.1 可见，源程序的一般格式为

```
段名 1    SEGMENT           ; 段的开始
          语句 1
          语句 2            ; m 条语句序列构成的语句体
          ……
          语句 m
段名 1    ENDS              ; 段的结束
          ……
段名 n    SEGMENT           ; 段的开始
          语句 1
          语句 2            ; k 条语句序列构成的语句体
          ……
          语句 k
段名 n    ENDS              ; 段的结束
          END  标号         ; 源程序结束
```

8086/8088 系统在管理内存时，按照逻辑段进行划分，不同的逻辑段用来存放不同目的的数据。相应地，汇编语言程序必须具备三个段：数据段、代码段和堆栈段。数据段用来在内存中建立一个工作区，以存放常数、变量及作为算术运算区和用来作为 I/O 接口传送数据的工作区。堆栈段用来在内存中建立一个堆栈区，以便在中断和过程调用时使用，堆栈还起到承上启下的作用，用于模块间参数的传送。

当由这几个段构成一个完整的程序时，一般把数据段放在代码段的前面，其原因是：一是可事先定义程序中所使用的变量；二是汇编程序在汇编过程中遇到变量时，必须知道变量的属性才能产生正确的代码，将数据段放在代码段前面，就可以保证这些。

整个源程序必须以 END 结束，END 语句的参数可选，如果有参数，则一定是一个可执行标号，即表示本程序是从该标号开始执行的。

4.2.2 语句

语句是汇编语言程序的基本组成单位。汇编语言有 3 种基本语句类型：指令语句、伪指令语句和宏指令语句。

语句一般由 4 部分组成，其格式如下：

[标号或名字]　　操作码　　操作数　　　　[；注释]

标号或名字是任选部分，位于语句之首。当语句为伪指令语句时，该部分是名字，没有结束符 "："，参见例 4.1 中第 2 行；当语句为指令性语句时，该部分是标号，必须以 "："作为结束符，参见例 4.1 中第 9 行。

语句各组成部分之间用空格作为间隔。

4.3 8086 汇编语言的基本数据

4.3.1 字符集

Microsoft 的宏汇编语言由下列字符组成。

（1）英文字母：A～Z 和 a～z。

（2）数字字符：0～9。

（3）算术运算符：+、−、*、/。

（4）关系运算符：<、=、>。

（5）分隔符：,、:、;、（、）、[、]、空格、制表符。

（6）控制符：CR（回车）、LF（换行）、FF（换页）。

（7）其他字符：$、&、_（下画线）、.、@、%、!。

4.3.2 常量

常量是在汇编时已经确定的常数值，它可以分为数值常量和字符串常量两类。

1. 数值常量

汇编语言中的数值常量可以是二进制、八进制、十进制或十六进制数，通过不同的后缀来区分它们。十进制数可以省掉后缀或跟字母 D；十六进制数后面跟字母 H，由 0～9、A～F 组成，当以 A～F 开头时，前面加数字 0，如常数 FB7H，应写成 0FB7H，以避免和名字混淆。二进制数后跟字母 B，以 0 和 1 两个数字组成。八进制数后跟字母 O 或 o，由 0～7 八个数字组成。

2. 字符串常量

包含在单引号中的若干个字符形成字符串常量；字符串在计算机中存储其相应字符的 ASCII 码。如 "A" 的值是 41H，"AB" 的值是 4142H 等。

4.3.3　保留字

在汇编语言中已经定义过的、使用者不能再将它作为变量名或过程名使用的字就叫保留字。汇编语言中的保留字有 CPU 中各寄存器名（如 AX、CS 等）、指令助记符（如 MOV、ADD）、伪指令符（如 SEGMENT、DB）、表达式中的运算符（如 GE、EQ），以及属性操作符（如 PTR、OFFSET）等。

4.3.4　标识符

标识符用来对程序中的变量、常量段、过程等进行命名，是组成语句的一个常用成分，其命名规定如下：

（1）标识符是一个字符串，第一个字符必须是字母、"？""@"或"_"这四种字符中的一种。

（2）从第二个字符开始，可以是字母、数字、"？""@"或"_"。

（3）一个标识符可以由 1～31 个字符组成。

（4）不能使用属于系统专用的保留字。

4.3.5　变量

变量是存放在存储器单元中的操作数，其值在程序运行期间可以被改变。程序中以变量名的形式来访问变量，因此，可以认为变量名就是存放数据的存储单元地址。

变量具有三种属性。

（1）段地址：变量所在段的段地址，此值必须在一个段寄存器中。

（2）偏移地址：变量的偏移地址是从段的起始地址到定义变量的位置之间的字节数。

（3）类型：变量的类型是所定义的变量所占据的字节数。

在汇编语言中，变量的类型包括字节型：BYTE（DB，1 字节长）；字型：WORD（DW，2 字节长）；双字型：DWORD（DD，4 字节长）；三字型：FWORD（DF，6 字节长）；四字型：QWORD（DQ，8 字节长）；五字型：TBYTE（DT，10 字节长）。

4.3.6　标号

标号写在一条指令的前面，它是该指令在内存的存放地址的符号表示，也就是指令地址的别名。

当在程序中需要改变程序的执行顺序时，用标号来标记转移的目的地，即作转移指令的操作数。

标号具有三种属性。

（1）段地址：定义标号所在段的段起始地址，此值必须在一个段寄存器中，而标号的段地址总在 CS 寄存器中。

（2）偏移地址：标号的偏移地址是从段起始地址到定义标号的位置之间的字节数。对于 16 位段是 16 位无符号数；对于 32 位段则是 32 位无符号数。

（3）类型：用来指出该标号是在本段内引用还是在其他段中引用。若在本段内引用，则称为 NEAR，对于 16 位段，指针长度为 2 字节；对于 32 位段，指针长度为 4 字节。若在段外引用，则称为 FAR，对于 16 位段，指针长度为 4 字节（段地址 2 字节，偏移地址 2 字节）。

4.4　伪指令

伪指令语句主要用来指示汇编程序如何进行汇编工作，没有对应的机器代码，不是由 CPU 来执行，而是由汇编程序对源程序汇编期间进行处理，经汇编程序汇编后不产生目标代码。

4.4.1　数据定义伪指令

数据定义伪指令语句有 DB、DW、DD、DQ 和 DT，分别用来定义字节、字、双字、四字和五字的数据。

格式：

变量名	助记符	操作数 1，…，操作数 n	；注释
变量名	助记符	n DUP（操作数 1，…，操作数 n）	；注释

功能：从变量名指定的存储单元开始存放操作数 1，…，操作数 n，如果不需要存入任何数据，则起到分配存储单元的作用。

注意：

（1）变量名是一个用标识符表示的符号地址，可以省略。其值等于助记符后第一个操作数的第一个字节的偏移地址值。

（2）助记符包括 DB、DW、DD、DQ、DT，其中：

DB：定义字节，其后的每个操作数都占有 1 字节（8 位）。

DW：定义字，其后的每个操作数都占有一个字。字的低位字节在第一个字节地址中，高位字节在第二个字节地址中。

DD：定义双字，其后的每个操作数都占有两个字（32 位）。

DQ：定义四字（8 字节），其后的每个操作数都占有 4 个字（64 位），可用来存放双精度浮点数。

DT：定义五字（10 字节），其后的每个操作数占有 10 字节。

（3）操作数可以是常数、变量、表达式、字符串、"?"（表示不确定数）或标号等，各操作数之间用 "," 分开。

（4）n DUP( )用来定义数组，把括号中的各操作数重复 n 次。

例 4.2　操作数是常数、表达式、字符串数据的定义。

DATA1	DB	10H，20H	；定义 DATA1 为字节变量，且 10H 放在地址 DATA1 中，20H 放在地址 DATA1+1 中
DATA2	DW	9080H，50H	；定义 DATA2 为字变量，且 80H 放在地址 DATA2 中，90H 放在地址 DATA2+1 中，50H 放在地址 DATA2+2 中，00H 放在地址 DATA2+3 中
DATA3	DD	2*40H，0A0B0H	；定义 DATA3 为双字变量，以 DATA3 为首地址，依次存放 80H，00H，00H，00H，B0H，A0H，00H，00H
DATA4	DB	'HELLO'	；定义 DATA4 为字符串变量，以 DATA4 为首地址，依次存放 'HELLO' 的 ASCII 码

汇编后数据在存储器中的存放格式（即汇编结果）如图 4-1 所示。

例 4.3　操作数用 "？" 定义不确定值的变量，用 DUP 来定义重复变量，不确定值的变量一般用作保留存储空间，以便存放运算结果。

DATA1	DB	？	；定义变量 DATA1 为不确定字节，保留 1 字节空间
DATA2	DW	0844H，？	；定义变量 DATA2 第二个字为不确定，保留 2 字节空间
DATA3	DB	10 DUP（0）	；在连续的 10 个存储单元中存入 0
DATA4	DW	20 DUP（？）	；重复 20 次，保留 20 个字的存储单元空间
DATA5	DB	5 DUP（0，2　DUP（19））	；DUP 的嵌套

汇编后数据在存储器中的存放格式（即汇编结果）如图 4-2 所示。

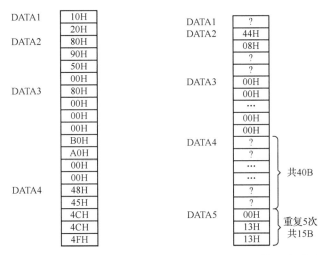

图 4-1　例 4.2 的汇编结果　　　　图 4-2　例 4.3 的汇编结果

4.4.2　符号定义与解除伪指令

在汇编语言中，所有符号常量、变量名、标号、过程名、指令助记符、寄存器名等都称为符号，这些符号可以通过伪指令重新命名或定义新的类型属性。

1. 等值伪指令 EQU 语句

格式：标识符　　EQU　　操作数

功能：给操作数（变量、标号、常数、指令或表达式）定义一个标识符。当程序中用到 EQU 左边的标识符时可用右边的操作数代替。

例 4.4

DATA	EQU	10	；常数值赋给标识符 DATA
DATA1	EQU	DATA+2	；表达式 DATA+2 的值赋给标识符 DATA1
CI	EQU	ADD	；加法指令赋给标识符 CI

注意：

（1）同一个程序模块中，一经定义就不能再重新定义。

（2）在 EQU 语句右边的操作数中有变量或标号，必须先给变量或标号定义。

例如：DATA1　　EQU　　DATA+2　　必须先定义 DATA。

2．等号伪指令语句"="

格式：标识符 = 操作数

功能：给操作数（变量、标号、常数、指令或表达式）定义一个标识符。

注意：

（1）"="伪指令与 EQU 功能相似，区别在于 EQU 中左边的标识符不允许重复定义，而用"="定义的标识符允许重复定义。

（2）操作数的值不得超过 16 位二进制数。

例 4.5

```
ADDRESS=BX+SI
MOV    AX，[ADDRESS]    ；[BX+SI]单元中的内容送 AX
ADDRESS =BX
MOV    CX，[ADDRESS]    ；[BX]单元中的内容送 CX
```

本例中，第一次使用 ADDRESS 时，ADDRESS 代表 BX+SI；第二次使用时，ADDRESS 已经被重新定义过，它代表 BX。

3．解除伪指令语句 PURGE

格式：PURGE　标识符 1，标识符 2，…，标识符 n

功能：标识符 1，标识符 2，…，标识符 n 已经被废弃，不再有效。

注意：

（1）用 PURGE 来废弃已经用 EQU 定义过而以后不再使用的标识符。

（2）当某个标识符用 PURGE 语句解除后，就可以用 EQU 重新定义了。

4．别名定义伪指令语句

格式：别名　LABEL　类型属性

功能：为下一行语句中已定义的变量或标号取别名，并可重新定义它的类型属性，使同一变量或标号在不同地方被引用时，采用不同的名字、具有不同的类型属性，这样可以提高程序的灵活性。

例如：（1）WBUFFER　LABEL　WORD

　　　　　　BUFFER　DB　200 DUP(0)

当 LABEL 语句与变量连用时，给下一个变量取一个别名，并可改变其类型属性。本例中 BUFFER 变量类型为字节，而 WBUFFER 为 BUFFER 的别名，类型为字。

（2）NEXT1　LABEL　FAR

　　　NEXT：MOV　AX，BX

当 LABEL 语句与标号连用时，给下一语句定义的标号取一个别名，并改变其类型属性。本例中 NEXT1 和 NEXT 指向同一条指令，具有相同的段地址和偏移量，NEXT1 是 NEXT 的别名，但类型属性已经改为 FAR。

4.4.3　段定义伪指令

8086/8088 系统利用存储器分段技术管理存储器信息，段定义伪指令可使我们按段来组织程序和使用存储器。

1. 段结构定义伪指令语句 SEGMENT 和 ENDS

格式：

<段名>	SEGMENT	[定位方式][组合方式][分类名]
	⋮	；段内语句
< 段名>	ENDS	

功能：将一个逻辑段的内容定义成一个整体。

注意：

（1）段名是所定义段的名称，表示逻辑段在存储器中的地址，在 SEGMENT 和 ENDS 前的段名必须相同，且成对出现。

（2）定位方式、组合方式和分类名是可选的，选两个以上时，书写时的顺序必须与格式中的顺序一致。

（3）组合方式用于指出如何链接不同模块中的同名段。把不同模块中的同名段按照指定的方式组合起来，既便于程序运行，又可以达到有效使用存储空间的目的。组合方式有以下六种：

① NONE：默认组合类型，表明本段与其他段逻辑上无关，链接时它将是一个独立的段。

② PUBLIC：表明本段与其他模块中用 PUBLIC 说明的同名同类别段在满足定位类型的前提下依次由低地址到高地址连接起来。

③ STACK：此参数用于堆栈段，各个模块中的堆栈段采用顺序连接方式组合。

④ COMMON：表明该段与其他模块中同名段具有相同的起始地址，采用覆盖方式存放，组合后段的长度为各模块同名段中最长者的长度。

⑤ MEMORY：连接时被放在所装载程序的最高地址区，当有多个 MEMORY 类别段时，只将连接程序遇到的第一个 MEMORY 段识为 MEMORY 段，其他的均为 COMMON 段。

⑥ AT<数值表达式>：表明该段的段地址由 AT 后的表达式给定，位移量为 0。

（4）定位方式通过汇编告知 LINK 程序如何将组合后的新段定位到存储器中。定位方式如下。

① BYTE：规定段可以从任何地址开始。

② WORD：规定段的首地址是偶地址，称为字边界。

③ PARA：规定段从 16 的整数倍地址（指物理地址）开始，即段首地址为

$$XXXX\ XXXX\ XXXX\ XXXX\ 0000B$$

这是默认的定位类型。

④ PAGE：规定段从 256 的整数倍地址开始，即段首地址为

$$XXXX\ XXXX\ XXXX\ 0000\ 0000B$$

称为页边界。

（5）分类名是用单引号括起来的字符串。连接时，连接程序将不同模块中相同分类名的各段在物理上相应地连接在一起。当程序只有一个模块时，除堆栈用 STACK 说明外，其他段的组合类别与类别均可省略。

2．段分配伪指令语句 ASSUME

格式：ASSUME　〈段寄存器〉：〈段名〉[，〈段寄存器〉：〈段名〉…]

功能：定义当前有效的 4 个逻辑段，指明段和段寄存器的关系。

例如：ASSUME CS：CODE，DS：DATA，ES：DATA，SS：STACK

注意：

（1）4 个逻辑段不一定要全部定义，通常代码段和数据段是必需的。但当代码段中使用了串指令时，就必须设置附加段。

（2）可以用"ASSUME　段寄存器名：NOTHING"取消已经由 ASSUME 所指定的段寄存器。

例如：ASSUME　ES：NOTHING　就取消了 ES 与已经指定段名的关系。

（3）由于 ASSUME 只指定某个段分配给相应的段寄存器，并将代码段的段基址自动装入 CS 中，但不能将其他段的段基址装入相应的段寄存器中，因此在代码段的开始部分必须安排一段初始化程序，把其他段的段基址分别装入相应的段寄存器中。

4.4.4　过程定义伪指令

子程序通常是具有某种特定功能的程序段，可供其他主程序多次调用，通常将这些程序段独立编写，用过程定义伪指令语句进行定义，再在主程序中对它进行过程调用。

格式：

```
〈过程名〉    PROC   [属性]
                 ⋮
                RET
〈过程名〉    ENDP
```

功能：定义一个由主程序用 CALL 指令调用的过程。

注意：

（1）过程名是为该过程取的名字，具有与语句标号相同的属性，即具有段地址、偏移地址和类型三类属性。

① 段地址：为该过程所在段的段基址。

② 偏移地址属性：指该过程第一个字节与段首址之间相距的字节数。

③ 类型属性：有 NEAR 和 FAR 两种。若类型默认或为 NEAR 时，表示该过程只能为所在段的程序调用；若为 FAR 时，则可被跨段调用。

（2）RET 为过程返回指令，不能省略，否则过程将无法返回。返回指令属于段内返回还是段间返回与过程属性有关。

（3）过程既允许嵌套定义，也允许嵌套调用。

4.4.5　其他伪指令

1．定位伪指令语句

格式：ORG　表达式

功能：给汇编语言程序设置指令位置指针，给出该定位伪指令下一条指令语句的起始偏移地址。

例 4.6 用 ORG 指定数据段和代码段地址。

```
DATA      SEGMENT
A1        DW    10H，50H      ；A1 相对 DATA 数据段首址的偏移地址为 0
          ORG   50H
A2        DB    20H，30H，40H  ；A2 相对 DATA 数据段首址的偏移地址为 50H
          ORG   100H
A3        DW    1234H，4321H   ；A3 相对 DATA 数据段首址的偏移地址为 100H
DATA      ENDS
CODE      SEGMENT
          ORG   200H
          ASSUME   CS：CODE，DS：DATA
START：   MOV   AX，DATA      ；标号 START 相对 CODE 代码段段首址的偏移地址为 200H
              ⋮
CODE      ENDS
          END    START
```

注意：常用地址计数器 $ 保存当前正在汇编的指令地址，如 ORG $+10 表示从当前地址跳过 10 字节。

2．程序结束伪指令语句

格式：END   标号名

功能：标记汇编语言的源程序结束。

注意：

（1）END 放在源程序的最后一行，不可默认；每个模块只有一个 END。汇编程序在汇编时碰到 END 语句就停止汇编。

（2）标号名是该程序中第一条可执行语句的标号名，可以默认。如果一个程序包含多个模块，END 后面带的标号为主程序模块中的标号名。

（3）该标号是程序开始执行的起始地址。

例 4.7 程序结束伪指令语句的应用。

```
CODE      SEGMENT
START：   MOV   BX，AX
          MOV   CX，10H
              ⋮
CODE      ENDS
          END    START
```

注意：END、ENDS 和 ENDP 三者的区别。

4.5 汇编语言程序设计

一个好的程序不仅要满足设计的要求，实现预定的功能，而且要求其占用内存少、执行速度快、易读、易修改和易维护等。8086/8088 汇编语言程序设计采用模块化结构，通常由一个主程序模块和多个子程序模块构成。一般的程序设计包含顺序、分支、循环和子程序设计四个基本方法。

4.5.1 顺序程序设计

顺序程序是指程序的结构从开始到结尾一直是顺序执行的，中途没有分支。顺序程序的流程图如图 4-3 所示。

例 4.8　试编写程序计算表达式 $Z=(3X+Y-5)/2$，设 X、Y 的值放在字变量 VARX、VARY 中，结果存放在 VARZ 中。

算法分析：乘 2^n 和除 2^n 可以使用算术左移和右移实现；其他非 2^n 的乘除运算可以用移位和加减组合运算来实现，如 $3X$ 可以分解成 $2X+X$。

算法实现：

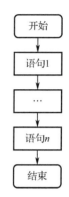

图 4-3　顺序程序流程图

```
DATA     SEGMENT
VARX     DW  5
VARY     DW  10
VARZ     DW  ?
DATA     ENDS
CODE     SEGMENT
         ASSUME CS：CODE，DS：DATA
START：  MOV AX，DATA
         MOV DS，AX
         MOV AX，VARX
         SHL AX，1        ; 2*X
         ADD AX，VARX     ; 3*X
         ADD AX，VARY     ; 3X+Y
         SUB  AX，5       ; 3*X+Y-5
         SAR  AX，1       ; (3*X+Y-5)/2
         MOV VARZ，AX     ; 存结果
         MOV AH，4CH
         INT 21H
CODE     ENDS
         END START
```

4.5.2 分支程序设计

分支程序结构是指程序的执行顺序将根据某些指令的执行结果，选择某些指令执行或不执行。分支程序的实现主要是由转移指令完成的。分支程序结构有两种形式：一种是二分支结构；另一种是多分支结构，如图 4-4 所示。

1. 用比较/测试指令+条件转移指令实现分支

例 4.9　数据段的 ARY 数组中存放有 8 个无符号数，试找出其中最大者并送入 MAX 单元。

算法分析：依次比较相邻两数的大小，将较大的送入 AL 中；每次比较后，较大数存放在 AL 中，相当于较大的数往下传；比较一共要进行 7 次。比较结束后，AL 中存放的就是最大数。

（a）二分支结构　　　　　　　（b）多分支结构

图 4-4　分支程序的结构形式

算法实现：

```
DATA      SEGMENT
ARY       DB  18, 15, 40, 0, 60, 10, 30, 70
MAX       DB     ?
DATA      ENDS
CODE      SEGMENT
          ASSUME CS：CODE, DS：DATA
START：   MOV   AX, DATA
          MOV   DS, AX
          MOV   SI, OFFSET ARY  ; SI 指向 ARY 的第一个元素
          MOV   CX, 7           ; CX 作次数计数器
          MOV   AL, [SI]        ; 取第一个元素到 AL
LOP：     INC   SI              ; SI 指向后一个元素
          CMP   AL, [SI]        ; 比较两个数
          JAE   BIGER           ; 前元素≥后元素转移
          MOV   AL, [SI]        ; 取较大数到 AL
BIGER：   DEC   CX              ; 减 1 计数
          JNZ   LOP             ; 未比较完转回去，否则顺序执行
          MOV   MAX, AL         ; 存最大数
          MOV   AH, 4CH
          INT   21H
CODE      ENDS
          END   START
```

2．用跳转表形成多路分支

当程序的分支数量较多时，采用跳转表的方法可以使程序长度变短，跳转表有两种构成方法。

（1）跳转表用入口地址构成

在程序中将各分支的入口地址组织成一个表放在数据段中，在程序中通过查表的方法获得各分支的入口地址。

例 4.10　设某程序有 5 路分支，试根据变量 S 的值（1～5），将程序转移到其中一路分支去。

算法分析：在跳转表中每 2 字节存放一个入口地址的偏移量，如图 4-5 所示。设 5 路分

支程序段的入口地址分别为：B_1，B_2，…，B_5。当变量 S 为 1 时，转移到 B_1；S 为 2时，转移到 B_2，依次类推，如图 4-6 所示。程序中，先根据 S 的值形成查表地址：（S-1）×2+表首址。

图 4-5　跳转表 1　　　　　　　　　图 4-6　多路分支结构流程图

算法实现：

```
DATA      SEGMENT
TABLE     DW B_1, B_2, ..., B_5
S         DB    4
DATA      ENDS
CODE      SEGMENT
          ASSUME   CS：CODE，DS：DATA
START：   MOV     AX，DATA
          MOV     DS，AX
          ……
          XOR     AH，AH
          MOV     AL，S
          DEC     AL
          SHL     AL，1
          MOV     BX，OFFSET TABLE    ；BX 指向表首址
          ADD     BX，AX             ；BX 指向查表地址
          MOV     CX，[BX]           ；将 S 对应的分支入口地址送到 CX 中
          JMP     CX                ；转移到 S 对应的分支入口地址
B_1：     ……
          JMP     END_1
B_2：     ……
          JMP     END_1
B_3：     ……
          JMP     END_1
B_4：     ……
```

```
            JMP      END_1
B_5：        ……
END_1：     MOV      AH，4CH
            INT      21H
CODE        ENDS
            END      START
```

（2）跳转表用无条件转移指令构成

如图 4-7 所示，跳转表的每项就是一条无条件转移指令。这时跳转表是代码段中的一段程序。

图 4-7　跳转表 2

例 4.10 的源程序可修改为如下程序：

```
DATA        SEGMENT
S           DB  4
DATA        ENDS
CODE        SEGMENT
            ASSUME  CS：CODE，DS：DATA
START：     MOV  AX，DATA
            MOV  DS，AX
            ……
            MOV  BH，0
            MOV  BL，S
            DEC  BL                      ；四条指令实现(S-1)*2
            MOV  AL，BL
            SHL  BL，1
            ADD  BL，AL
            ADD  BX，OFFSET ITABLE       ；BX 指向查表地址
            JMP  BX                      ；转移到 S 对应的 JMP 指令
ITABLE：    JMP  B_1                     ；JMP 指令构成的跳转表
            JMP  B_2
            JMP  B_3
            JMP  B_4
            JMP  B_5
B_1：        ……
            JMP  END_1
B_2：        ……
            JMP  END_1
```

```
B_3:      ……
          JMP     END_1
B_4:      ……
          JMP     END_1
B_5:      ……

END_1:    MOV  AH，4CH
          INT   21H
CODE      ENDS
          END  START
```

4.5.3 循环程序设计

在实际工作中，有时需要对某一问题进行多次重复处理，该类计算过程具有循环特征，循环程序设计恰是解决这类问题行之有效的方法。

1．循环程序的构成

循环程序一般主要包括以下四个部分。

（1）初始化部分

主要用于建立循环的初始状态，即循环次数计数器、地址指针，以及其他循环参数的初始设定。

（2）循环体

循环体是程序中重复执行的程序段，包括工作部分和修改部分。工作部分是完成循环程序任务的主要程序段；修改部分则是为循环的重复执行，完成某些参数的修改。

（3）循环控制部分

主要判断循环条件是否成立。判断方法主要有两种：用计数控制循环和用条件控制循环。

（4）结束处理部分

处理循环结束后的结果，如存储结果等。

2．循环程序的结构类型

依照问题的不同，循环体的结构一般可分为两类：先执行后判断和先判断后执行，如图 4-8 所示。

（a）先执行后判断　　　　　　　（b）先判断后执行

图 4-8　循环程序结构流程图

3．控制循环次数的方法

（1）用计数控制循环

适用于循环次数已知，或在进入循环前可由某变量确定循环次数的情况。常选用 CX 作计数器，可选用 LOOP、LOOPE 或 LOOPNE 等循环控制指令。

例 4.11　把以 BUFFER 为首址的 6 字节单元中的二进制数累加，求得的和存放到 RES 字单元中。

```
DATA      SEGMENT
BUFFER    DB 1, 9, 21, 12, 23, 13
RES       DW ?
DATA      ENDS
CODE      SEGMENT
          ASSUME  CS：CODE, DS：DATA
START：   MOV AX, DATA
          MOV DS, AX
          XOR AX, AX              ；AL 清零
          MOV CX, 06H            ；置计数器初值
          MOV BX, OFFSET BUFFER   ；置地址指针
L1：      ADD AL, [BX]            ；取一个数累加到 AL 上
          ADC AH, 0
          INC  BX                ；地址加 1
          LOOP L1                ；不为 0，循环
          MOV RES, AX            ；传送结果
          MOV AH, 4CH
          INT 21H
CODE      ENDS
          END START
```

（2）用条件控制循环

适用于某些循环次数未知，或循环次数可变的情况，可以由问题给出的条件控制循环结束。

例 4.12　调用单字符输出的 DOS 功能，向屏幕输出以"#"结束的字符串。

① 明确任务，确定算法。

设字符串存放在以 D1 开始的存储区中，字符串以"#"结束。虽然字符串长度未知，但可利用条件中的已知特征"#"来结束循环。显然，可以用条件控制法。

② 算法思想。

初始化：将 D1 的首地址送入 SI。

循环：

a）将 SI 指向的存储单元数据送到 DL 中。

b）判断：如果 DL 中的字符不是"#"，则显示该字符，并修改 SI 的值，即让 SI 指向下一个存储单元，然后返回 a）；否则执行 c）。

c）结束。

③ 编写程序：

```
DATA      SEGMENT
```

```
D1          DB      'HOW ARE YOU? #'
DATA        ENDS
CODE        SEGMENT
            ASSUME  CS：CODE, DS：DATA
START：      MOV     AX, DATA
            MOV     DS, AX
            LEA     SI, D1
LP：         MOV     DL, [SI]
            CMP     DL, '#'
            JZ      ENDOUT
            MOV     AH, 2       ；显示单个字符
            INT     21H
            INC     SI          ；指向下一个数据
            JMP     LP
ENDOUT：INT         20H
CODE        ENDS
            END     START
```

4.5.4　子程序设计

子程序或过程是汇编语言中多次使用的一个相对独立的程序段。

1. 子程序的定义

每一个子程序在被使用前必须先定义，子程序的定义格式就是过程的定义格式，完成子程序功能的程序段就包括在过程定义语句 PROC…ENDP 的中间。

在子程序定义时，应该有子程序的说明，以使该子程序模块结构一目了然。子程序说明包括四个方面：

① 描述该子程序模块的名称、功能及性能；

② 说明子程序中用到的寄存器和存储单元；

③ 指出子程序的入口参数和出口参数；

④ 子程序中调用其他子程序的名称。

定义子程序时，应保护现场与恢复现场。现场就是指子程序和主程序中都要用到的寄存器和存储单元。保护现场与恢复现场既可以在主程序中完成，也可在子程序中完成，但必须保证保护和恢复的内容一致。通常利用入栈指令将寄存器的内容保存在堆栈中来保护现场，利用出栈指令从堆栈中取出来恢复现场。

例 4.13　定义一个显示 2 位十六进制数的子程序。

程序说明：

```
；名称：DISP_2
；功能：显示 2 位十六进制数
；所用寄存器 CX, DX
；入口参数：AL 存放 2 位十六进制数
；出口参数：无
；调用其他子程序：DISP_1
DISP_2    PROC      NEAR
```

```
        PUSH    CX              ; 保护现场
        PUSH    DX
        MOV     DL, AL          ; 入口参数送 DL
        MOV     CL, 4           ; 不带进位循环左移 4 位，并取高 4 位二进制数
        ROL     DL, CL
        AND     DL, 0FH
        CALL    DISP_1          ; 调用 DISP_1，显示高 4 位二进制数
        MOV     DL, AL
        AND     DL, 0FH         ; 取低 4 位二进制数
        CALL    DISP_1          ; 调用 DISP_1，显示低 4 位二进制数
        ; 恢复现场
        POP     DX
        POP     CX
        RET                     ; 子程序的返回
DISP_2  ENDP
```

2．子程序的调用和返回

主程序通过使用 CALL 指令实现对子程序的调用，子程序通过使用 RET 指令来返回主程序。如果在子程序中没有保护与恢复现场，则应该在主程序调用子程序之前保护现场、在子程序返回主程序后恢复现场。

例 4.14　编制显示 4 位十六进制数的子程序。

算法分析：设 4 位十六进制数存放在 AX 寄存器中。逐位显示 4 位十六进制数，由于每位显示的过程是相同的，故采用子程序结构进行编程：将 4 位十六进制数分解成 2 位显示，再把 2 位十六进制数分解成 1 位显示。这样，显示 4 位十六进制数的子程序 DISP_4 调用显示 2 位十六进制数的子程序 DISP_2，DISP_2 调用显示 1 位十六进制数的子程序 DISP_1。

```
DISP_4  PROC    NEAR
        PUSH    BX              ; 保护现场
        PUSH    CX
        PUSH    DX
        PUSH    AX
        MOV     AL, AH
        CALL    DISP_2          ; 显示 4 位十六进制数的高 2 位
        POP     AX
        CALL    DISP_2          ; 显示 4 位十六进制数的低 2 位
        POP     DX              ; 恢复现场
        POP     CX
        POP     BX
        RET                     ; 返回
DISP_4  ENDP
DISP_2  PROC    NEAR
        MOV     BL, AL
        MOV     DL, AL          ; 入口参数送 DL
        MOV     CL, 4           ; 不带进位循环左移 4 位，并取高 4 位二进制数
        ROL     DL, CL
```

```
            AND       DL, 0FH
            CALL      DISP_1              ; 调用 DISP_1，显示高 4 位二进制数
            MOV       DL, BL
            AND       DL, 0FH             ; 取低 4 位二进制数
            CALL      DIS_1               ; 调用 DISP_1，显示低 4 位二进制数
            RET                           ; 子程序的返回
DISP_2      ENDP
DISP_1      PROC
            OR        DL, 30H
            CMP       DL, 3AH
            JB        DISPLAY
            ADD       DL, 07H
DISPLAY:    MOV       AH, 2               ; 2 号功能显示单个字符，入口参数在 DL 中
            INT       21H
            RET
DISP_1      ENDP
```

本例中的参数传送属于寄存器传送，即调用程序将参数放在寄存器中，进入子程序后，子程序使用这些寄存器便获得了参数。DISP_4 与 DISP_2 通过 AL 寄存器传送参数；DISP_2 与 DISP_1 通过 DL 寄存器传送参数。寄存器传送参数速度快，但受寄存器数目限制，因此常用于传送参数不多的情况。

4.6 DOS 及 BIOS 功能调用

DOS 是美国微软公司为 IBM PC 研制的磁盘操作系统，它为程序设计人员提供了可以直接调用的功能子程序。DOS 功能调用就是指对这些子程序的调用，也称系统功能调用。子程序的顺序编号称为功能调用号。

DOS 系统功能分为设备管理、文件管理和目录管理三个方面。其中，设备管理包括键盘输入、显示输出、设置磁盘缓冲器、选择当前盘等功能调用；文件管理包括建立文件、打开文件、读/写文件、删除文件等功能调用；目录管理包括查找目录项、更改目录项、建立子目录、删除子目录等功能调用。

IBM PC 系列机在只读存储器 ROM 中固化有一组外部设备驱动与管理软件，占用系统板上 8KB 的 ROM 区，组成 PC 的基本输入/输出系统（Basic I/O System），它处于系统软件的最低层，又称 ROM BIOS。

BIOS 主要包括以下一些功能：

（1）系统自检及初始化。例如，系统加电启动时对硬件进行检测；对外部设备进行初始化；设置中断向量；引导操作系统等。

（2）系统服务。为操作系统和应用程序提供系统服务，这些服务主要与 I/O 设备有关，如读取键盘输入等。为了完成这些操作，BIOS 必须直接与 I/O 设备打交道，它通过端口与 I/O 设备之间传送数据，使应用程序脱离具体的硬件操作。

（3）硬件中断处理。提供硬件中断服务程序。

用户可通过使用 BIOS 和基本 DOS 系统提供的这些功能模块子程序（中断子程序调用），

来编制直接管理和控制计算机硬件设备的底层软件（主要是完成 I/O 操作），而用户不必深入了解有关设备的电路和接口，只需遵照 DOS 规定的调用原则即可。

一般来说，用户编程尽可能使用 DOS 的系统功能调用，以提高程序可移植性；在 DOS 功能不能实现的情况下，考虑用 BIOS 功能调用；在 DOS 和 BIOS 的中断子程序均不能解决问题时，使用 IN/OUT 指令直接控制硬件。

BIOS/DOS 的每个功能子程序都对应着一个子程序文件，因此 BIOS/DOS 功能子程序调用步骤如下：

① 子程序入口参数送规定寄存器；

② 子程序编号（功能调用号）送 AH 寄存器；

③ 发软中断命令：INT n。

使用时需要注意，有的软中断号 n 对应一个子程序，调用时无须步骤②；而有的软中断号 n 对应若干子程序，必须严格按以上顺序执行。例如：INT 10H 对应有近 20 个子程序，INT 21H 对应有 100 多个子程序。

DOS 功能调用在更高层次上提供了与 BIOS 类同的功能，两者的区别主要体现在：①调用 BIOS 中断程序比调用 DOS 的复杂一些，但运行速度快、功能更强；②DOS 功能调用只适用于 DOS 环境，而 BIOS 功能调用不受任何操作系统的约束；③某些功能只有 BIOS 具有。

4.6.1 常见 DOS 系统功能调用

（1）带显示的键盘输入（1 号功能）

说明：调用该功能子程序将等待键盘输入，直到按下一个键。将字符的 ASCII 码送入 AL 寄存器，并在屏幕上显示该字符。如果是 Ctrl+C 组合键，则停止程序运行。该功能调用无入口参数。

例如：MOV　AH，01H

　　　 INT　21H

（2）不带显示的键盘输入（8 号功能）

说明：该功能调用与 1 号功能的作用相似，区别是 8 号功能将不显示输入的字符。

例如：MOV　AH，08H

　　　 INT　21H

（3）不带显示的键盘字符输入（7 号功能）

说明：该功能与 8 号功能相似，但对 Ctrl+C 组合键和 Tab 制表键无反应。

例如：MOV AH，07H

　　　 INT　21H

（4）字符串输入（0AH 号功能）

说明：

① 该功能调用可实现从键盘输入一个字符串，其长度可达 255 个字符。

② 调用该功能前，应在内存中建立一个输入缓冲区。缓冲区第一个字节指出可输入的最大字符数；第二个字节是系统在调用该功能时，自动填入的本次调用时实际输入的字符个数；从第三个字节开始存放输入字符的 ASCII 码。

③ 当用户输入回车键时，结束输入，并将回车键的 ASCII 码（0DH）作为最后一个字符

送入缓冲区。但它不计入实际输入字符个数。

调用入口参数：DS 和 DX 寄存器分别装入输入缓冲区的段基值和偏移量。

例如：

```
char_buf    DB 60H              ; 缓冲区的最大长度
            DB 0                ; 存实际输入字符数
            DB 60H DUP(0)       ; 输入缓冲区
            ......
    MOV DX，SEG char_buf        ; 如果 DS 已经指向 char_buf 所在
    MOV DS，DX                  ; 数据段，则可以省去这两条指令
    MOV DX，OFFSET char_buf
    MOV AH，0AH
    INT 21H
```

（5）字符显示（2 号功能）

说明：该功能实现在屏幕上显示单个字符。

入口参数：DL 中存放待显示字符的 ASCII 码。

例如：
```
    MOV   DL，'A'             ; 待显示的字符 'A'
    MOV   AH，2
    INT   21H
```

（6）字符打印（5 号功能）

说明：该功能将字符送入打印机接口，实现单个字符的打印操作。

入口参数：DL 中存放待打印字符的 ASCII 码。

例如：
```
    MOV   DL，'A'
    MOV   AH，5
    INT   21H
```

（7）字符串显示（9 号功能）

说明：该功能实现将一个字符串显示到屏幕上。

入口参数：

① 将待显示的字符串存放在一个数据缓冲区，字符串以符号 "$" 作为结束标志。

② 将字符串的首址的段基值和偏移量分别送入 DS 和 DX 中。

例如：
```
    char   DB   'This is a test.'，0AH，0DH，'$'
            .......
    MOV   DX，OFFSET char
    MOV   AH，09H
    INT   21H
```

（8）直接输入/输出（6 号功能）

说明：该功能可以实现键盘输入，也可以实现屏幕显示操作。究竟属于哪种操作由 DL 的内容确定。

① (DL)=00～0FEH，显示输出。DL 中是所显示字符的 ASCII 码。

例如：显示美元符号 "$"

```
        MOV   DL，24H   ；$的 ASCII 码为 24H
        MOV   AH，06
        INT   21H
```

② (DL)=FFH，从键盘输入字符。

说明：该功能的字符输入不等待键盘输入，而是从键盘缓冲区中读取。读取的字符 ASCII 码送入 AL 中，如果没有键按下，则标志位 ZF=1。

```
例如：WAIT：MOV   DL，0FFH
             MOV   AH，6
             INT 21H
             JZ   WAIT
```

（9）读出系统日期（2AH 号功能）

说明：读出的系统日期信息放入指定的寄存器中。

出口参数：CX——年（1980～2099）；DH——月（1～12）；

　　　　　DL——日（1～31）；AL——星期（0-星期日，1-星期一……）。

```
例如：year   DW   ?
      month DB   ?
      day    DB   ?
             ......
             MOV   AH，2AH
             INT   21H
             MOV   year，CX
             MOV   month，DH
             MOV   day，DL
```

（10）设置系统日期（2BH 号功能）

说明：该功能用来改变计算机 CMOS 中的系统日期。

入口参数：CX——年（1980～2099）；DH——月（1～12）；DL——日（1～31）。

出口参数：返回参数在 AL 中，成功设置，则返回(AL)=0；否则(AL)=0FFH。

```
例如：    MOV CX，2000
          MOV DH，11
          MOV DL，2
          MOV AH，2BH
          INT 21H
          CMP AL，0
          JNE ERROR        ；转出错处理
          ......
```

（11）读出系统时间（2CH 号功能）

说明：执行该功能将获得系统的当前时间。

出口参数：CH——时（0～23）；CL——分（0～59）；

　　　　　DH——秒（0～59）；DL——百分秒（0～99）。

（12）设置系统时间（2DH 号功能）

说明：调用该功能，将设定系统时间。

入口参数：CH——时（0~23）；CL——分（0~59）；

DH——秒（0~59）；DL——百分秒（0~99）。

出口参数：该功能执行后返回时，如果调用成功，则(AL)=0；否则(AL)=0FFH。

4.6.2　常用 BIOS 功能调用

BIOS 中常见的几个中断类型如下。

屏幕显示，INT 10H；磁盘操作，INT 13H；串行口操作，INT 14H；键盘操作，INT 16H；打印机操作，INT 17H。

由于每类中断包含许多子功能，调用时需通过功能号指定。

例如：INT 16H——键盘输入。

（1）AH=0：从键盘读一键

出口参数：AL=ASCII 码，AH=扫描码。

功能：从键盘读入一个键后返回，按键不显示在屏幕上。对于无相应 ASCII 码的键，如功能键等，AL 返回 0。

扫描码是表示按键所在位置的代码。

（2）AH=1：判断是否有键可读

出口参数：若 ZF=0，则有键可读，AL=ASCII 码，AH=扫描码；否则，无键可读。

（3）AH=2：返回变换键的当前状态

出口参数：AL=变换键的状态。

例如：读键盘输入，显示其中的 ASCII 字符，按回车键退出。

```
CODE        SEGMENT
            ASSUME   CS: CODE
START:
READNEXT:   MOV AH, 00H      ; 系统扫描键盘并等待输入一个字符
            INT  16H
            CMP  AL, 0DH
            JZ   EXIT
            MOV AH, 0EH      ; 将一个 ASCII 字符在当前光标位置显示
            INT  10H
            JMP  READNEXT
EXIT:       MOV  AH, 4CH
            INT  21H
CODE        ENDS
            END   START
```

4.6.3　汇编语言程序的开发过程

汇编语言程序的开发过程如图 4-9 所示。

图 4-9　汇编语言程序的开发过程

（1）编辑

编辑就是将源程序输入到计算机中的过程。

打开文本编辑器[如 EDIT.COM 或 NOTEPAD（记事本）]，输入源程序，保存为 ASM 文件。

（2）汇编

汇编就是把用汇编语言编写的源程序翻译成机器语言的目标程序。

汇编语言源程序经 MASM 汇编后，可以产生 3 个文件：目标程序文件（OBJ）、列表文件（LST）、交叉引用文件（CRF）。

（3）链接

由汇编程序生成的目标程序是不能直接运行的，必须将目标文件进行链接后，生成一个可执行文件（EXE），才能运行该程序。

链接程序 LINK.EXE 能够把一个或多个独立的目标文件和定义在库文件（LIB）中的子程序与变量，链接装配成一个可重定位的可执行文件（EXE）。

在链接过程中，除了生成可执行文件（EXE），还可以根据用户的需要，生成相应的内存映像文件（MAP）。

程序（如 LINK.EXE）将 OBJ 文件链接成可执行文件（EXE 可执行文件）。

（4）调试与运行

调试就是检查和修改程序中的错误。如果没有错误，则运行已编译好的可执行文件就可得到结果了。

4.6.4　汇编程序的调试

调试的主要任务就是检查和修改程序中的错误。程序中的错误可分为语法错误和逻辑错误两类。语法错误在程序的汇编和链接过程中都会被发现，而程序的逻辑错误在这两个过程中是发现不了的，需要使用一定的调试工具软件，进行仔细认真的调试才能发现。

汇编语言程序调试中常用的一个工具软件是 DEBUG。下面介绍 DEBUG 软件的使用基础。

1. DEBUG 的启动与退出

DEBUG 的启动方法有两种。

（1）在 DOS 状态下输入 DEBUG 命令

进入 DEBUG 状态后，系统的提示符将变为"—"。这时用户可以输入各种 DEBUG 命令。

（2）在 DOS 状态下输入 DEBUG 命令的同时，指定要调试的文件名

例如：C\>DEBUG EXAMPLE.EXE<回车>

然后，在 DEBUG 状态下可以对装载的文件进行各种操作。

2．DEBUG 常用命令

一个 DEBUG 命令为一个字母，其后空一格，可以再跟一些参数。

（1）装载用户程序

要对程序进行调试，首先需要将程序文件装入内存。在进入 DEBUG 状态后，装载程序方法是先使用 N 命令指定文件名，再用 L 命令将指定的文件装入内存。

格式：N filename

参数 filename 包括主文件名和扩展名。如果需要还应指明盘符和路径。

格式：L [addr]

功能：将由 N 命令指定的文件装入到内存中，参数 addr 表示存放装入文件的起始地址。如果未指定，默认地址为 CS：0100。

例如： —N A：TEST.EXE

  —L

（2）D（Dump）命令

格式：D [range]

功能：显示指定范围（range）内的内存单元的内容。

说明：range 有两种指定方法。

① addr1 addr2

addr1 为要显示内存单元的首地址，addr2 为末地址。

② addr1 L Value

它表示显示从 addr1 地址开始的、长度为 Value 字节的内存单元。

例如：—D 200 2FF

  —D 200 L 100

（3）R（Register）命令

格式：R[register_name]

功能：显示微处理器中的一个或所有 16 位寄存器的内容。如表 4-1 所示，标志寄存器的内容为各标志位的状态（置位/复位），每个状态用两个字符来表示。

表 4-1 标志寄存器中各标志位的状态表示

标 志 位	置 位	复 位
溢出标志位 OF	OV	NV
方向标志位 DF	DN	UP
中断标志位 IF	EI	DI
符号标志位 SF	NG	PL

标 志 位	置 位	复 位
零位标志位 ZF	ZR	NZ
辅助进位标志位 AF	AC	NA
奇偶标志位 PF	PE	PO
进位标志位 CF	CY	NC

（4）A（Assemble）命令

格式：A [address]

功能：将从键盘直接输入的汇编指令翻译成目标代码，并存放在内存单元中。

说明：参数 address 是用来存放目标代码的起始地址。如果省略，则为 CS：100H。利用此命令可以方便地用 DEBUG 来调试简单的指令序列。

（5）U（Unassemble）命令

格式：U[range]

功能：将指定内存中的目标代码反汇编成 8086/8088 的汇编指令格式在屏幕上显示出来。

（6）G（Go）命令

格式：G [=addr[,addr1[,addr2[,…]]]]

功能：连续执行内存中的程序。

说明：参数"=addr"是运行程序的起始地址，参数 addr1、addr2……为设置的断点地址。如果不设置断点，则将执行全部程序。如果设置了断点，则执行到指定的断点处自动停止，这时可查看相关内容。

（7）单步执行命令 T 和 P

这两个命令都只执行一条指令，它们的区别是 T 命令对于子程序调用指令的执行，将转入相应的子程序内部，而 P 命令则将整个子程序作为一条指令来执行。

习题四

4.1　编程实现 $Y=(X_1+X_2)/2$。

4.2　编程实现使键盘上 A、B、C、D 四个字母键成为 4 条输入命令，使之分别对应不同算法的控制子程序。

4.3　统计出某一内存单元中"1"的个数。

4.4　利用学号查学生的数学成绩表。

4.5　设有两个数组 X 和 Y，它们都有 8 个元素，其元素按下标从小到大的顺序存放在数据段中。试编写程序完成下列计算：

$Z_1=X_1+Y_1$，$Z_2=X_2-Y_2$，$Z_3=X_3+Y_3$，$Z_4=X_4-Y_4$，$Z_5=X_5-Y_5$，$Z_6=X_6+Y_6$，$Z_7=X_7+Y_7$，$Z_8=X_8-Y_8$。

4.6　编写一程序，求级数 $1^2+2^2+3^2+\cdots$ 的前 N 项和。

4.7　利用 DOS 系统功能调用实现人机对话。根据屏幕上显示的提示信息"WHAT IS YOUR SCHOOL?"，编程显示字符串"Tsinghua University"。

第5章　半导体存储器

本章要点

◆ 了解存储器的分类
◆ 了解半导体存储器的主要技术指标
◆ 掌握 RAM 芯片的基本工作原理及典型产品
◆ 掌握 ROM 芯片的基本工作原理及典型产品
◆ 掌握半导体存储器与 CPU 的连接方法
◆ 掌握半导体存储器的扩展技术

5.1　概述

存储器是具有存储功能的部件，是计算机的重要组成部分，使计算机具有存储功能，实现程序和数据等信息的存储和调用，保证计算机自动、高速、连续地运行，执行各种运算。

5.1.1　存储器的分类

存储器的种类很多，按其用途可分为主存储器和辅助存储器。主存储器由半导体器件制成，可以被 CPU 直接寻址，又称内部存储器。平时所安装的程序，如系统软件、办公软件、游戏软件等，一般都安装在硬盘等辅助存储器（又称外部存储器）上，只有这些程序被调入内部存储器时，才能被计算机运行。存储器的分类如图 5-1 所示。相对于外部存储器而言，内部存储器性能的好坏更直接影响计算机的运行速度，本章主要讨论内部存储器。

图 5-1　存储器的分类

内部存储器（简称内存或主存）通过系统总线与 CPU 相连，CPU 可以直接访问它，用来存放当前 CPU 正在运行的程序和处理的数据。外部存储器（简称外存或辅存）通过专门的接口电路与 CPU 相连，CPU 不能对它进行直接访问，必须通过配备专门的设备（如磁盘驱动器等）才能够对它进行读/写，用来存放 CPU 当前没有运行的程序和处理的数据。相对而言，内存的容量小、存取速度快，外存的容量大、存取速度慢。

按照使用存储介质的不同，计算机存储器可分为半导体存储器、磁表面存储器（如磁盘存储器与磁带存储器）、光介质存储器等。

半导体存储器具有存取速度快、集成度高、体积小、功耗低、应用方便等优点，微型计算机的内存一般都采用半导体存储器，其种类繁多，一般的分类方法如下。

1．按存储器的制造工艺分类

半导体存储器可以分为双极型半导体存储器和金属-氧化物-半导体型存储器两类。双极（Bipolar）型半导体存储器以双稳态触发器作为存储单元，工作速度与 CPU 处在同一数量级上，但具有集成度低、功耗大、价格偏高等缺点，因此在微型计算机中常用作高速缓冲存储器（Cache）或对工作速度要求高的内存。金属-氧化物-半导体（Metal-Oxide-Semiconductor）型存储器（简称 MOS 型存储器）以金属-氧化物-半导体场效应晶体管作为存储单元，具有集成度高、功耗低、价格便宜等优点，但工作速度比双极型半导体存储器慢，在计算机中常用于容量相对较大的内存，如静态随机存取存储器（SRAM）、动态随机存取存储器（DRAM）、可擦除可编程只读存储器（EPROM）等。

2．按信息存取方式分类

有的半导体存储器在信息被写入后只能读出，而不能被重新写入；有的半导体存储器在信息被写入后既能读出，又能被重新写入。基于这一特点，半导体存储器可以分为随机存取存储器（Random Access Memory，RAM）和只读存储器（Read Only Memory，ROM）两大类。

（1）随机存取存储器（RAM）

RAM 是指那些 CPU 既可以从中读取数据，也可以将数据写入其中的存储器，又称为读/写存储器。当计算机系统掉电时，存储于其中的信息就会全部丢失，因此也被称为易失性或挥发性存储器（Volatile RAM，VRAM）。由于这一特点，RAM 只能用来存放暂时性的输入/输出数据、中间运算结果和用户程序。目前也有一些 RAM 芯片内部集成有可充电电池，计算机掉电后信息不会丢失，将这类半导体存储器称为非易失性或不挥发性 RAM（Non-Volatile RAM，NVRAM）。

根据 RAM 存储器存储信息的工作原理，可将 RAM 分为静态 RAM（SRAM）和动态 RAM（DRAM）两大类。SRAM 的基本存储电路一般由 MOS 晶体管触发器组成，根据触发器的导通与截止状态，每个触发器可存放 1 位二进制的"0"或"1"，只要计算机系统不掉电，它所存储的信息就不会丢失。SRAM 的工作速度快，稳定可靠，使用方便，不需要外加刷新电路，但是一个存储单元所需的晶体管数量多，集成度不易做得很高，功耗较大，成本也高，因此SRAM 常用于微型计算机系统的小容量高速缓冲存储器（Cache），并在网络服务器、路由器和交换机等高速网络设备上使用。

DRAM 的基本存储电路是 MOS 晶体管的栅极和衬底之间的分布电容，电容充电后表示"1"，放电后表示"0"。由于电容存在漏电现象，时间长信息会消失，为了维持 DRAM 所存储的信息,需要外加刷新电路定期地对 DRAM 进行刷新(Refresh),即对电容进行充电。DRAM 的存储单元所需晶体管数量少,集成度可以做得很高,成本低,功耗小,工作速度比 SRAM 慢,DRAM 常用作计算机的内存。

（2）只读存储器（ROM）

ROM 是指那些 CPU 只能从中读取数据,而不能将数据重新写入其中的存储器,当计算机系统掉电后,存储于其中的信息保留不变,所以 ROM 常用来保存无须修改就可长期使用的程序和数据,如监控程序、操作系统中的基本输入/输出系统（BIOS）程序或用户需要固化的程序、外部设备的驱动程序等。按照信息写入的方式,ROM 可分为掩模 ROM（MROM）、可编程 ROM（PROM）、可擦除可编程 ROM（EPROM）、电可擦除可编程 ROM（E^2PROM）和闪速存储器（Flash Memory）等。

存储在 MROM 中的信息由制造商根据用户提供的数据在生产制造时将信息写入,用户无法改动,适宜于大批量生产。存储在 PROM、EPROM 和 E^2PROM 中的信息均可由用户编程写入,信息一旦被写入就不会丢失。PROM 是指存储芯片中的信息由用户根据需要编程一次性写入,写入以后就不能擦除和改写。针对 PROM 中的信息只能被写入一次的情况,后来发展了 EPROM 和 E^2PROM 两种可被反复写入信息的存储器,由于 EPROM 采用紫外线将存储芯片中的信息擦除,存储芯片只有从计算机中取出,由专门的设备将信息擦除以后,才能被重新编程写入;而 E^2PROM 采用电擦除,擦除数据和重新编程写入都可以在线完成。Flash 是近年来得到迅速发展的一种新型快速擦除和重新编程写入的非易失性存储器,擦除和重新写入方便,存储容量大,在很多应用领域已取代其他类型的 ROM。

5.1.2　存储器系统结构

在计算机发展早期,CPU 运行速度慢,寻址范围较小,一种存储器与它配合使用已经足够。随着计算机技术的发展,CPU 运行速度提高,寻址范围扩大,对存储器的速度和容量的要求越来越高。通常速度越快的存储器,其容量相对较小,价格也越高,于是出现了将两种或两种以上的速度、容量和价格各不相同的存储器芯片用硬件、软件或软硬件相结合的方法连接起来构成存储器系统,以满足 CPU 运行的需要。

程序的大部分指令都是按顺序连续存放在存储器系统中的,程序在运行时,CPU 将集中访问与当前被执行指令存放地址相邻的存储空间,也就是说,与当前被执行的指令越近的指令,被 CPU 访问的概率越高。CPU 在处理数据时,虽然可以对存储器系统中任意地址空间进行访问,但统计表明,对存储器系统的访问也相对集中在与当前被处理数据相邻的一段地址范围内,该现象又称为程序的局部性原理。根据 CPU 运行的这一特点,一个由多种运行速度的存储器芯片组成的存储器系统已成为现代计算机系统的典型存储结构。使用运行速度快而存储容量相对较小的存储器芯片存放那些 CPU 运行时需要用到的指令和数据,CPU 只针对那些运行速度快、存储容量相对较小的存储器芯片进行操作,这样整个计算机系统的运行速度接近速度快的存储器,存储容量接近容量大的存储器。通常依据存储器芯片运行速度的快慢将计算机存储器系统分为四级:内部寄存器组、高速缓冲存储器、内存储器、外存储器。

1. 内部寄存器组

内部寄存器组是一种制作在 CPU 内部的存储器,CPU 在对寄存器进行读/写时速度都很快，一般在一个时钟周期内即可完成，但由于受芯片面积和集成度等因素的限制，寄存器的数量非常有限，因此它们一般用于存放当前正要执行的程序、待使用的数据和运算的中间结果。

2．高速缓冲存储器

高速缓冲存储器与 CPU 一样都由半导体材料制成，它的运行速度与 CPU 相匹配，目前容量可达几百千字节，通常用来存放 CPU 用得最频繁的程序和数据。设置高速缓冲存储器是提高 CPU 运行效率的主要方法。

3．内存储器

由于 CPU 在运行时，首先是对高速缓冲存储器进行寻址，只有当所访问的指令和数据不在高速缓冲存储器中时，才访问运行速度相对较慢的内存储器，并将所访问的内容和存储单元的地址以块为单位从内存储器复制到高速缓冲存储器中。命中率作为衡量 CPU 对高速缓冲存储器访问操作的有效性，被定义为高速缓冲存储器被访问命中次数与存储器（包括高速缓冲存储器和内存储器）被访问总次数之比。所谓命中，就是指 CPU 在访问指令和数据时，如果所访问的操作数在高速缓冲存储器中，则称此次访问命中，这时不需要再访问运行速度相对较慢的内存储器；相反，如果所访问的操作数不在高速缓冲存储器中，则称此次访问未命中，就需要访问运行速度相对较慢的内存储器并对操作数进行操作。现假设 CPU 访问高速缓冲存储器的命中率为 95%，意味着 CPU 用 95% 的总线周期访问高速缓冲存储器，仅有 5% 的总线周期对内存储器进行访问。一般来说，由于下一次要访问的指令或数据的地址就在前一次访问内容的附近，因此命中率可以非常高，CPU 对高速缓冲存储器访问的命中率可达 98%，这意味着采用容量较大、运行速度稍慢的存储器芯片作为内存储器，对 CPU 的运行效率不会产生太大影响，因为 CPU 在绝大部分时间都是针对高速缓冲存储器进行操作的。因此在 CPU 和内存储器之间增设一个小容量的高速缓冲存储器，可以使存储器系统的运行速度接近 CPU，而容量却接近较大容量的内存储器，从而很好地解决了速度和容量之间的矛盾。目前，内存储器的容量一般都在一百兆字节以上，主要用来存储 CPU 运行的程序和数据。

4．外存储器

外存储器是指相对于内存储器而言，具有大得多的容量，而运行速度也慢得多的一类存储器，如磁带、软盘、硬盘、光盘等。它们主要用来存放大量程序和数据，CPU 不直接访问外存储器，它们只与内存储器交换信息，因此外存储器的运行速度可以慢一些。一些高档的计算机已具备虚拟存储的访问能力，这时硬盘的存储空间可以直接作为内存空间的扩展，虚拟存储空间可达 64MB 以上。

在设计计算机的存储系统时，尽量在高速度、大容量和低成本之间寻求平衡。通常的做法是，设计一个快慢搭配、具有层次结构的存储系统，图 5-2 是新型计算机系统中的存储器组织结构，呈现金字塔形，越是位于金字塔上部的存储器，运行速度越快，CPU 对其访问越频繁，系统的容量越小，单位存储容量的价格也越高。位于金字塔顶端的是 CPU 内部的寄存器，它具有存取速度最快、容量极为有限等特点；往下依次是 CPU 内部 Cache（高速缓冲存储器）、外部 Cache、主存储器、辅助存储器和大容量辅助存储器；辅助存储器和大容量辅助存储器是位于金字塔底部的存储器，其容量最大，单位存储容量的价格最低，速度也最慢。

图 5-2　新型计算机系统存储器组织结构

5.1.3　半导体存储器的技术指标

通常用功耗、可靠性、存储容量、性能/价格比、存取时间等指标来衡量半导体存储器的性能优劣，但从使用的角度来看，最重要的指标是存储器的容量和存取时间。

1．存储容量

存储容量是指存储器所能存储二进制数码的数量，即所含存储位的总数，常用"存储单元个数×每个存储单元的位数"来表示，它反映存储空间的大小。通常以字节为计量单位，如 KB、MB、GB、TB 等。例如，对于一个存储字长为 8 位的存储器芯片，它的地址寄存器为 11 位，则存储总位数为 2K×8 位，用字节表示为 2KB。

系统内存的最大容量还受 CPU 寻址能力的限制，例如，8086 有 20 条地址线，寻址能力为 $2^{20} = 1MB$；80386 有 32 条地址线，寻址能力为 $2^{32} = 4GB$。

2．存取时间

存取时间 T_{AC}（Access Time）是指存储器从接收来自 CPU 的读或写命令到完成所接收命令操作所需要的时间，包括读出时间和写入时间，它是反映存储器工作速度快慢的一个重要指标。读出时间是指从 CPU 向存储器发出有效地址和读操作命令开始，至被选择存储单元的内容读出到数据缓冲寄存器所需要的时间；写入时间是指从 CPU 向存储器发出有效地址和写操作命令开始，至信息写入被选中存储单元所需要的时间。内存的存取时间常用纳秒（ns）计数，存取时间一般为几十纳秒到几百纳秒。通常存取时间越短，计算机运行速度越快。

3．可靠性

可靠性是指存储器对环境温度与电磁场等外在工作条件的抗干扰能力，用平均故障间隔时间 MTBF（Mean Time Between Failures，也称平均无故障工作时间）来衡量。平均故障间隔时间越长，可靠性越高。目前半导体存储器芯片的 MTBF 为 $5×10^6 \sim 1×10^8$ 小时，硬盘的 MTBF 可达 140 万小时以上。除了严格筛选芯片，在通信、航空航天、军事等特殊领域，常采用冗余设计来提高系统的可靠性。此外，掉电保护、恒温设计、抗辐射措施等也属于可靠性设计范畴。

4．功耗

功耗是指每个存储单元消耗功率的大小。使用功耗低的存储器芯片构成存储系统，不仅可以降低对电源容量的要求，还可以提高存储器系统的可靠性。

5．性能/价格比

性能/价格比是衡量存储器经济性能好坏的综合指标。性能主要包括存储容量、存取时间和可靠性等；价格包括存储单元本身和外围电路的价格。对不同用途的存储器有不同的性能/价格比要求，例如，对高速缓冲存储器主要要求存取时间短（速度快）；对辅助存储器主要要求存储容量大，价格便宜。

6．其他指标

存储器的体积大小、工作温度范围等也是人们所关注的性能指标。

5.1.4　半导体存储器的内部结构

尽管半导体存储器种类很多，且内部结构各不相同，但从宏观上看，半导体存储器都由存储体、地址寄存器、地址译码驱动电路、数据寄存器、读/写驱动电路和读/写控制逻辑电路组成，如图 5-3 所示。CPU 通过数据总线（DB）、地址总线（AB）、控制总线与它们相连。

图 5-3　半导体存储器内部结构

1．存储体

存储体是用来存放数据信息的矩阵，是存储单元的集合体，每个存储单元又由若干存放 1 位二进制信息的基本存储电路组成。在计算机中，存储单元通常是以字节的形式组织起来的，也就是说，一个存储单元可以存储 8 位二进制信息，即一个存储单元包含 8 个基本存储电路。

在设计存储器系统时，为了减少存储器芯片的封装引脚数和简化地址译码驱动电路结构，将基本存储电路按二维矩阵的形式来排列，例如，将多个存储单元的同一位排列在一起，形成 N 字×1 的多字一位结构，简称位结构；将一个存储单元的若干位（如 4 位、8 位）排列在一起，形成 N 字×4 位/字或 N 字×8 位/字等多字多位结构，简称字结构。如静态 RAM 的 6116 具有 2K×8 位的存储体。

2．地址寄存器

为了方便 CPU 对存储单元进行访问，将每个存储单元分配一个唯一的物理地址，这样 CPU 对存储单元的访问就变成了对物理地址的访问。由于 CPU 地址总线的每一个编码对应一个物理地址，所以地址总线条数决定了 CPU 能直接寻址存储单元的数目。例如，当 CPU 地址总线的条数为 n 时，可生成的编码数为 2^n 个，CPU 可直接寻址的存储单元数为 2^n 个。地址寄存器用于存放 CPU 要访问存储单元的物理地址，也就是地址总线的不同编码状态，经地址译码驱动电路译码后选择相应的存储单元。

3．地址译码驱动电路

地址译码驱动电路通过将 CPU 发送来的地址信息转换为与其对应输出线的高电平或低电平来选中一个存储单元，即实现多选一功能；同时提供驱动电流驱动相应的读/写电路，完成对被选中存储单元的读/写操作，它包括地址译码器和驱动器两部分。通常地址总线的高位地址信息经译码后产生片选信号选中芯片，低位地址信息经译码后产生选中芯片内存储单元所需要的信号，最后在读/写控制信号的控制下完成对存储单元的读/写。存储体中存储单元的地址译码方式常有单译码方式和双译码方式两种。

（1）单译码方式

单译码方式是用字线来选择存储单元的全部位。地址译码驱动电路输出驱动所有字线中的一条，若每个存储单元由 M 位组成，当某条字线选中某存储单元时，对应于此存储单元中的 M 位便同时被选中，经输出缓冲放大器输出或输入一个 M 位的数据，完成对存储单元的读/写操作。在图 5-4 中，若字线 N 为 64，M 为 4 位，则地址译码器的地址输入线应为 6 位，产生 $2^6=64$ 个编码状态，控制选中 64 个存储单元中的一个。当地址信号为 000000 时，选中存储单元 0，若进行读出操作，则该存储单元中的 4 位同时被读出；若地址信号为 111111，则选中存储单元 63，若进行写入操作，则该存储单元中的 4 位便同时被写入。单译码方式主要用于小容量的存储器。

（2）双译码方式

双译码方式通过 X、Y 两个地址译码器同时参加译码，共同作用选择一个存储单元。若有 n_1 条地址信号线经 X 译码器译码，n_2 条地址信号线经 Y 译码器译码，当 $n=n_1+n_2$ 时，则 X-Y 译码器的输出状态有 $2^{n_1} \times 2^{n_2} = 2^n$ 个。因此，不管采用单译码方式，还是双译码方式，在存储容量一定时，所需地址线数目是相同的，只是在采用双译码方式时，由于将地址线分成两组，分别进行译码，使得地址译码器的输出线的数目大大减少。例如，$n = n_1 + n_2 = 6 + 6 = 12$，双译码输出的状态数为 $2^6 \times 2^6 = 4096$ 个，地址译码器输出线数只需 $2 \times 2^6 = 128$ 条；而当采用单译码方式时，地址译码器输出线数需要 4096 条，因此对于大容量的存储器，常采用双译码方式。

在图 5-5 中，存储体由 8×8 个基本存储单元排列而成，需要 6 条地址线 $A_5 \sim A_0$ 参与译码，$A_2 \sim A_0$ 输入至行（X）译码器，输出 8 条字选择线，分别选择 8 行（$X_0 \sim X_7$）；$A_5 \sim A_3$ 输入至列（Y）译码器，输出 8 条位选择线，分别选择 $Y_0 \sim Y_7$ 列。当 $A_2 \sim A_0 = 000$ 时，行地址译码器输出线 X_0 为高电平，选中 X_0 行；当 $A_5 \sim A_3 = 000$ 时，列地址译码器输出线 Y_0 为高电平，选中 Y_0 列。X、Y 双向译码的结果是选中 $W_{0,0}$ 位基本存储电路，即可对这一位基本存储电路进行读/写操作。

图 5-4　单译码方式结构示意图　　　　　图 5-5　双译码方式结构示意图

4．数据寄存器

数据寄存器的作用是方便存储器系统与数据总线相连，协调 CPU 与存储器系统之间运行速度的差异，暂时存放从存储单元读出或要写入存储器的数据。由于它可帮助实现数据在数据总线与存储单元之间的双向传输，并且可通过片选控制信号，在存储单元和数据总线之间呈现高阻态，因此又被称为三态双向缓冲器。

5．读/写驱动电路

读/写驱动电路包括读出放大器、写入电路和读/写控制电路。只有当存储器接收到来自 CPU 的读/写命令 $\overline{RD}$ 和 $\overline{WR}$ 后，才能正确地完成读/写操作。

6．读/写控制逻辑电路

读/写控制逻辑电路通过信号引脚接收到来自 CPU 的启动、片选、读/写及清除等控制信号，经组合变换后，产生一组时序信号来控制存储器的读/写操作。

5.2　随机存取存储器（RAM）

计算机可以随时对 RAM 内部的任意位置所存储的内容进行读/写，断电后其中所存数据丢失。根据存储器芯片内部基本存储电路结构的不同，RAM 可进一步分为静态 RAM（SRAM）和动态 RAM（DRAM）两类。

5.2.1　静态随机存取存储器（SRAM）

1．SRAM 的工作原理

SRAM 的基本存储电路如图 5-6 所示，由 $T_1 \sim T_8$ 共 8 个 NMOS 晶体管、字（行）选择线 X_i、位（列）选择线 Y_i、数据线 D 和 $\overline{D}$ 组成。其中，T_1 与 T_3 构成一个反相器，T_2 与 T_4 构成另一个反相器，两个反相器的输入与输出交叉连接，构成基本双稳态触发器。当 T_3 导通、T_1 截止时，F 点为高电平（F = 1），E 点电位为低电平（E = 0），反过来 F 点的高电平和 E 点的低电平又确保 T_3 导通和 T_1 截止，这种状态因相互保证而稳定；同样，当 T_1 导通、T_3 截止时，F 点为低电平（F = 0），E 点电位为高电平（E = 1），这种状态也因相互保证而稳定，因此

图 5-6 所示的双稳态结构能够用于存储 1 位二进制代码 "0" 或 "1"。图中，T_5、T_6 是门控管，与同一行的所有基本存储电路相连，由行选择线 X_i 控制它们的导通或截止，它们的导通或截止决定着触发器的输出端与位线之间的连接状态。T_7、T_8 是外部门控管，与同一列的所有基本存储电路相连，工作过程与 T_5、T_6 相似，它们的导通与截止由列选择线 Y_i 控制，决定着位线与数据线之间连接状态。只有当与基本存储电路相连的行选择线 X_i 和列选择线 Y_i 均为高电平时，双稳态触发器才与数据线接通，即 F 点与 D 线接通，E 点与 $\overline{D}$ 线接通，CPU 从而完成对基本存储电路的读/写操作。

图 5-6　SRAM 基本存储电路

当 CPU 对基本存储电路进行写入操作时，CPU 将数据放在数据线 D 和 $\overline{D}$ 上，如果要写入 "1"，则 D 线为 1，$\overline{D}$ 为 0，它们通过 T_5、T_6、T_7、T_8 管与 E、F 点相连，这时 F=1、E=0，T_1 截止，T_3 导通。如果要写入 "0"，则 D 线为 0，$\overline{D}$ 为 1，这时 F=0、E=1，T_1 导通，T_3 截止。当数据线上的信号和行列地址选择信号消失后，T_1 和 T_3 保持被写入的状态不变，只要不断电，这个状态会一直保持下去，直到写入一个新的数据。

当 CPU 对基本存储电路进行读出操作时，只要这一基本存储电路被选中，$T_5\sim T_8$ 导通，F 点和 E 点与数据线 D 相通，基本存储电路上的信号被送到 D 和 $\overline{D}$ 两线上，再经读出放大器放大。CPU 在对基本存储电路进行读出操作时并没有改变基本存储电路上的信号，即读出过程是非破坏性的。

由于 SRAM 的基本存储电路中所含晶体管较多，故集成度难以大规模提高，同时组成双稳态触发器的 $T_1\sim T_4$ 管总有一对管子处于导通状态，会持续地消耗电能，从而使 SRAM 的功耗较大，但由于 SRAM 不需要外加刷新电路，从而简化了外部电路设计，因此，它广泛应用于不需要太大容量内存的小型计算机系统中。

2. 典型的 SRAM 芯片

典型的 SRAM 芯片如 Intel 的 6116（2K×8 位）、6264（8K×8 位）、62128（16K×8 位）和 62256（32K×8 位）等。不同类型的 SRAM 的内部结构基本相同，只是当其存储体的矩阵排列结构不同时，它们的字/位线数目相应地变化。

（1）6264 芯片的内部结构

6264 芯片的内部结构如图 5-7 所示，同其他 SRAM 芯片一样，它包括如下几个主要组成部分。

① 存储体：6264 芯片内部共有 8K 个存储单元（字节），每个存储单元包括 8 个基本存储电路（位），按 128×512 的矩阵形式排成，每 8 位构成一个同时被访问的字节。

② 地址译码器：6264 芯片的存储容量为 8K×8 位，因此地址译码器的输入为 13 条线，采用 XY 双译码方式，其中 9 条线用于行译码，4 条线用于列译码。

③ I/O 控制电路：分为输入数据控制电路和列 I/O 电路，用于对信息的输入/输出进行缓冲和控制。

④ 片选及读/写控制电路：用于实现对芯片的选择及读/写控制。

（2）6264 芯片的外部引脚

6264 芯片为双列直插式集成电路芯片，其外部引脚分为数据、地址和控制三类，共 28 个，如图 5-8 所示，各引脚功能如下。

图 5-7　6264 芯片的内部结构　　　　　图 5-8　6264 芯片的外部引脚图

① $A_0 \sim A_{12}$：共 13 个地址信号引脚，输入。存储芯片上地址线的数目决定了该芯片有多少个存储单元。13 条地址信号线经过地址译码器译码后，产生 8192 个地址编码，可以选中 6264 芯片 8K 存储单元中的任意一个。最典型的情况是，当 6264 与一个位宽为 8 位的 CPU 进行连接时，这 13 条地址线通常连接到系统地址总线的低 13 位，以便 CPU 能够寻址存储器芯片上的任意一个存储单元。

② $D_0 \sim D_7$：共 8 条数据信号引脚，输入/输出双向，是系统数据总线与存储器芯片内部各存储单元之间的数据信息传输通道，8 条数据总线表明 6264 芯片的每个存储单元可存储 8 位二进制信息。最典型的情况是，当 6264 芯片与一个位宽为 8 位的 CPU 进行连接时，它们与 8 位系统数据总线相连；当 CPU 位宽为 16 位时，需要 2 片 6264 芯片并联，6264 芯片的两组数据引脚分别与系统数据总线的 $D_7 \sim D_0$ 和 $D_{15} \sim D_8$ 相连。

③ $\overline{CS_1}$、CS_2：片选信号引脚，输入。当两个片选信号同时有效时，即 $\overline{CS_1} = 0$，$CS_2 = 1$ 时，才能选中存储器芯片进行读/写操作。通常片选信号连接到地址译码器。

④ $\overline{\mathrm{WE}}$：读/写控制信号引脚，输入。当 $\overline{\mathrm{WE}}$ 为低电平时，信息才能由数据总线通过输入数据控制电路写入被选中的存储单元。

⑤ $\overline{\mathrm{OE}}$：输出允许信号引脚，输入。当 $\overline{\mathrm{WE}}$ 为高电平，$\overline{\mathrm{OE}}$ 为低电平时，所选中的存储单元信息才能送到数据总线，由 CPU 读出。

$\overline{\mathrm{WE}}$ 和 $\overline{\mathrm{OE}}$ 分别与系统控制总线 $\overline{\mathrm{WR}}$ 和 $\overline{\mathrm{RD}}$ 相连，$\overline{\mathrm{CS_1}}$、$\mathrm{CS_2}$、$\overline{\mathrm{WE}}$ 和 $\overline{\mathrm{OE}}$ 信号引脚的电平高低共同决定了 SRAM 6264 芯片的操作方式，如表 5-1 所示。

表 5-1　SRAM 6264 芯片的操作方式

$\overline{\mathrm{WE}}$	$\overline{\mathrm{CS_1}}$	$\mathrm{CS_2}$	$\overline{\mathrm{OE}}$	方　式	$\mathrm{D_0 \sim D_7}$
×	1	×	×	未选中	高阻
×	×	0	×	未选中	高阻
1	0	1	1	输出禁止	高阻
1	0	1	0	读	输出
0	0	1	×	写	输入

此外，芯片上还有 +5V 电源引脚 $\mathrm{V_{CC}}$，接地引脚 GND 和没有使用的引脚 NC。

（3）6264 芯片的工作过程

从表 5-1 可以看出，在写入数据时，芯片的地址信号引脚 $\mathrm{A_0 \sim A_{12}}$ 加上要写入存储单元的地址，数据信号引脚 $\mathrm{D_0 \sim D_7}$ 加上要写入的数据，$\overline{\mathrm{CS_1}}$ 和 $\mathrm{CS_2}$ 同时有效，$\overline{\mathrm{WE}}$ 加上低电平信号，$\overline{\mathrm{OE}}$ 处于高电平或低电平都可以，这样 CPU 就将数据写入了所选中的存储单元中。整个写入操作过程的时序图如图 5-9 所示。所遵循的时间顺序是：首先将 CPU 要写入数据的存储单元地址信号加到存储芯片的地址引脚上；再使片选信号 $\overline{\mathrm{CS_1}}$ 和 $\mathrm{CS_2}$ 有效，并保持到整个写入操作过程结束；接着写允许信号 $\overline{\mathrm{WE}}$ 有效，在 $\overline{\mathrm{WE}}$ 信号的上升沿将数据写入存储单元中，因此 $\mathrm{D_0 \sim D_7}$ 数据信号必须在 $\overline{\mathrm{WE}}$ 信号的上升沿有效，才能保证可靠写入。

在读出数据时，芯片的地址信号引脚 $\mathrm{A_0 \sim A_{12}}$ 加上要读出单元的地址，$\overline{\mathrm{CS_1}}$ 和 $\mathrm{CS_2}$ 同时有效，$\overline{\mathrm{OE}}$ 上加低电平信号，$\overline{\mathrm{WE}}$ 上加高电平，这样数据即可从所选择的存储单元读出。整个读出操作过程的时序图如图 5-10 所示。所遵循的时间顺序是：首先将 CPU 要读出数据的存储单元地址信号加到存储芯片的地址引脚上；再使片选信号 $\overline{\mathrm{CS_1}}$ 和 $\mathrm{CS_2}$ 有效，并保持到整个读出操作过程结束；接着输出允许信号 $\overline{\mathrm{OE}}$ 有效，写允许信号 $\overline{\mathrm{WE}}$ 失效，经过一段时间后，所选择存储单元的内容便出现在系统数据总线上。

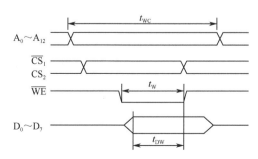

图 5-9　6264 芯片写入操作时序图

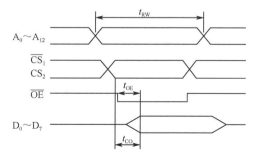

图 5-10　6264 芯片读出操作时序图

由于 6264 芯片的功耗极低，在未被选中时仅为 10μW，在工作时也只有 15mW，因此，一般 CPU 可以直接与其相连，不需要驱动电路，同时适合用作由电池供电的 NVRAM。

5.2.2　动态随机存取存储器（DRAM）

1．DRAM 的工作原理

单管 DRAM 因所用器件最少、集成度高而被广泛采用，图 5-11 为单管 DRAM 的基本存储电路，由一个 MOS 晶体管 T_1 和电容 C 组成。信息存储在电容 C 上，当电容 C 充有电荷时，表示存储信息 "1"，当电容 C 没有充电荷时，表示存储信息 "0"。通过行选择线 X_i 和列选择线 Y_i 来控制 T_1 和 T_2 的导通和截止，只有当与基本存储电路相连的行选择线 X_i 和列选择线 Y_i 均为高电平时，T_1 和 T_2 均导通，电容 C 才通过刷新放大器与数据线 D 接通，从而使 CPU 完成对基本存储电路的读/写操作。

图 5-11　单管 DRAM 基本存储电路

当 CPU 对基本存储电路进行写入操作时，CPU 将数据放在数据线 D 上，当基本存储电路被选中时，由数据线 D 经刷新放大器对电容 C 充电或放电。如果要写入 "1"，则对电容 C 充电；如果要写入 "0"，则对电容 C 放电。

当 CPU 对基本存储电路进行读出操作时，只要某一基本存储电路被选中，电容 C 上所存储的信息会通过刷新放大器传送到数据线 D 上。需要注意的是，由于 CPU 在对基本存储电路进行读出操作时，电容 C 会对刷新放大器放电，每次读出操作完毕后，电容 C 上的电荷基本上被泄放完毕，所以读出过程是破坏性的。为使电容 C 上的信息被读出后仍能保持原有的信息，刷新放大器又要对电容进行重写操作，使之保持原信息不变，因此，读出过程实际上包括读出和刷新过程。

实际上每一次读出操作，当行选择线 X_i 为高电平时，该行上的所有基本存储电路的 T_1 管都导通，这样相应的电容 C 会通过刷新放大器放电，也就是说，当对某一基本存储电路进行读出操作时，该行上的所有基本存储电路内所存储的信息均会受到干扰。虽然利用 MOS 管间的高阻抗可以使电容上的电荷得以维持，但由于电容总存在泄漏现象，时间长了其存储的电荷会消失，从而使其所存信息自动丢失，这个时间一般为 2ms，因此 DRAM 必须配备刷新放大器，定期及时地对基本存储电路进行补充电荷，即进行刷新，以保证存储的信息不变。所谓刷新，就是不断地每隔一定时间（一般每隔 2ms）对 DRAM 的所有存储单元进行读出，经刷新放大器放大后再重新写入原基本存储电路中，以维持电容上的电荷，从而使所存信息保持不变。虽然每次进行的正常读/写存储器操作也相当于进行了刷新操作，但由于 CPU 对存储器的读/写操作是随机的，并不能保证在 2ms 时间内对 DRAM 中的所有存储单元都进行一次读/写操作，以达到刷新效果，因此，对 DRAM 必须设置专门的外部控制电路并安排专门的刷新周期来系统地对 DRAM 进行刷新。

由于 DRAM 的基本存储电路只含一个晶体管，在一个半导体芯片上，相对于 SRAM 而言，制造 DRAM 可以容纳更多的基本存储电路，使得位密度得到显著提高，同时由于所含晶体管数量少，使得 DRAM 比 SRAM 的功耗小得多，价格也便宜得多，因此在建立大容量存储系统时，DRAM 具有很多优势。

2．典型的 DRAM 芯片

常用的 DRAM 芯片种类很多，如 Intel 的 2164（64K×1 位）、2118（64K×4 位）、41256（256K×1 位）和 424256（256K×4 位）等。DRAM 与 SRAM 一样，都由许多基本存储电路按行、列排列组成二维存储矩阵，为了降低芯片的功耗，保证足够的集成度，减少芯片对外封装引脚数目及便于刷新控制，DRAM 芯片都设计成位结构形式，即每个存储单元只有 1 位数据位，一个芯片上含有若干字，如 4K×1 位、8K×1 位、16K×1 位、64K×1 位或 256K×1 位等。存储体的这种结构形式是 DRAM 芯片的结构特点之一。

（1）2164 芯片的内部结构

2164 芯片是一种典型的 DRAM，它的内部结构如图 5-12 所示，主要由以下几部分组成。

图 5-12　2164 芯片的内部结构图

存储体：位片内含有 64K 个存储单元，每个存储单元由 1 个基本存储电路组成，64K×1 位的存储体分成 4 个 128×128 的存储矩阵形式。

地址锁存器：对 64K 个存储单元进行寻址，需要 16 条地址线，为了减少地址译码器输出引脚数目，采用 XY 双译码方式，行和列两部分地址线各 8 条。但由于受到封装面积的限制，2164 芯片只提供 8 条地址引脚线，因此 16 位地址信息必须通过同一组引脚分两次传送到芯片，完成对存储单元的选择，也就是行地址线和列地址线采用分时复用的工作方式。即利用外接多路开关，先由行选通信号 $\overline{RAS}$ =0 选通 8 位行地址并锁存，随后由列选通信号 $\overline{CAS}$ =0 选通 8 位列地址并锁存，16 位地址可选中 64K 存储单元中的任何一个单元。因此，在芯片内部必须有能保存 8 位地址信息的行、列地址锁存器。

数据输入缓冲器：用于暂存要写入的数据。

数据输出缓冲器：用于暂存要读出的数据。

4 选 1 的 I/O 控制电路：由行、列地址信号的最高位控制，从 4 个 128×128 存储矩阵中选择一个进行输入/输出操作。

行、列时钟缓冲器：用于协调行、列地址的选通信号。

写允许时钟缓冲器：用于控制芯片的数据传送方向，即写入或读出。

128 读出放大器：与 4 个 128×128 存储矩阵相对应，芯片内共有 4 个 128 读出放大器，它们接收由行地址选通的 4×128 个存储单元的存储信息，经放大后，再写回原存储单元，实现对存储单元刷新操作。

1/128 行、列译码器：分别用来接收 7 位行、列地址，经译码后，从 128×128 个存储单元中选择一个，对其进行读/写操作。

（2）2164 芯片的外部引脚

2164 芯片为双列直插式集成电路芯片，其外部引脚分为数据、地址和控制三类，共 16 个，如图 5-13 所示，各引脚功能如下。

$A_0 \sim A_7$：共 8 个地址信号引脚，输入，用来分时接收 CPU 送来的 8 位行、列地址。16 条地址线的信号经过地址译码器译码后，可以选中 2164 芯片 64K 存储单元中的任意一个。

$\overline{CAS}$：列地址选通信号引脚，输入，低电平有效。当 $\overline{CAS}$ 信号有效时，表明当前接收的是列地址信号，并将接收到的列地址信息锁存到芯片内部的列地址锁存器中（此时 $\overline{RAS}$ 应保持为低电平）。

$\overline{RAS}$：行地址选通信号引脚，输入，低电平有效。当 $\overline{RAS}$ 信号有效时，表明当前接收的是行地址信号，并将接收到的行地址信息锁存到芯片内部的行地址锁存器中，同时兼作芯片选择信号。

$\overline{WE}$：写允许控制信号引脚，输入。当其为低电平时，将执行写入操作；否则，将执行读出操作。

D_{IN}：数据输入引脚。当 CPU 对存储器执行写入操作时，数据经由 D_{IN} 送入芯片内部。

D_{OUT}：数据输出引脚。当 CPU 对存储器执行读出操作时，数据经由 D_{OUT} 输出到数据总线上。

图 5-13　2164 芯片的外部引脚图

CPU 对 2164 芯片的读/写操作由 $\overline{WE}$ 信号来控制，当 $\overline{WE}$ 为高电平时，CPU 执行读出操作，被选中的存储单元的内容经数据输出缓冲器从 D_{OUT} 输出到数据总线；当 $\overline{WE}$ 为低电平时，CPU 执行写入操作，D_{IN} 引脚上的信息经数据输入缓冲器写入被选中的存储单元。由于芯片没有专门的片选信号，通常 $\overline{RAS}$ 兼作芯片的片选信号。DRAM 芯片进行刷新过程是使 $\overline{RAS}$ 保持有效（低电平），将行地址锁存到芯片内部，而此时 $\overline{CAS}$ 保持无效（高电平）。通过刷新放大器对该行上的所有列单元进行刷新，每次送出不同的行地址，顺序进行，即行地址循环一遍，可将整个芯片的所有地址单元刷新一遍，因此刷新是逐行进行的。

此外，芯片上还有+5V 电源引脚 V_{CC}、接地引脚 GND 和没有使用的引脚 NC。

（3）2164 芯片的工作过程

在 CPU 对 2164 芯片进行读出操作时，将来自 CPU 的行列地址信号经译码器译码后，选中相应的存储单元，将存储单元所储存的信息经 D_{OUT} 输出到系统数据总线上。时序图如图 5-14 所示。从图中可以看出，首先，$\overline{RAS}$ 信号先于 $\overline{CAS}$ 信号有效，并在整个读出操作时间内保持有效；其次，行地址信号先于 $\overline{RAS}$ 信号有效，并在 $\overline{RAS}$ 信号有效后，还要保持一段时间；第三，列地址信号先于 $\overline{CAS}$ 信号有效，并在 $\overline{CAS}$ 信号有效后，还要保持一段时间，当它们共同有效时，完成对存储单元的选择。为实现读出操作，要求 $\overline{WE}$ 控制信号为高电平，且必须在 $\overline{CAS}$ 信号有效前为高电平。CPU 对 2164 芯片进行写入操作与读出操作相似，其操作时序图如图 5-15 所示，区别在于在写入操作时 $\overline{WE}$ 控制信号为低电平，要写入的数据由 D_{IN} 写入存储单元中。

图 5-14　2164 芯片的读出操作时序图　　　　图 5-15　2164 芯片的写入操作时序图

2164 芯片刷新操作时序图如图 5-16 所示，由于刷新是按行进行的，因此在进行刷新操作时，行地址选通信号 $\overline{RAS}$ 有效，而列地址选通信号 $\overline{CAS}$ 无效，芯片只将行地址的低七位 $A_0 \sim A_6$ 送入行地址译码器，经过译码后的行地址信号能同时选中 4 个存储矩阵中的同一行，即刷新操作时可以同时对 4×128 个存储电路进行操作。由于刷新操作时列地址选通信号 $\overline{CAS}$ 无效，因此存储单元的内容不会被读出。

图 5-16　2164 芯片的刷新操作时序图

5.3　只读存储器（ROM）

ROM 与 RAM 的区别在于所存储的信息只能被读出，而不能随机写入，它主要由地址译码器、存储矩阵、控制逻辑和输出电路四部分组成。在技术发展过程中，形成了掩模 ROM、PROM、EPROM、E^2PROM 和 Flash Memory 等多种类型的 ROM 器件，掩模 ROM 和 PROM 已经基本淘汰，本文不做讨论，主要介绍 EPROM、E^2PROM 和 Flash Memory 的原理及应用。

5.3.1　可擦除可编程 ROM（EPROM）

掩模 ROM 和 PROM 的内容写入后无法进行修改，实际使用中很不方便，需要有一种能被多次擦除和编程的存储芯片，EPROM 应运而生。

1．基本存储电路和工作原理

EPROM 的基本存储电路如图 5-17（a）所示，其核心部件是浮置栅场效应管（Floating grid Avalanche injection MOS，FAMOS）与普通的 P 沟道增强型 MOS 管相似，这种浮置栅场效应管在 N 型的基片上扩展了两个高浓度的 P 型区，分别引出源极（S）和漏极（D），在源极与漏极之间有一个由多晶硅做成的栅极，只是这个栅极没有引出端，而且被 SiO$_2$ 绝缘层所包围，所以又称浮置栅，浮置栅场效应管的结构如图 5-17（b）所示。芯片出厂时，每个基本存储电路的浮置栅上都没有电荷，源极与漏极之间没有导电沟道，此时源极与漏极之间不导电，与它相连的位线为高电位，表示该位存储的信息为 "1"。如果想将该位存储的信息更改为 "0"，只需在漏极和源极之间加上+25V 的电压，同时加上编程脉冲信号（宽度约为 50ns），在这个电压的作用下，浮置栅场效应管的漏极与源极之间产生雪崩式击穿，此时就会有一部分能量足够高的电子通过 SiO$_2$ 绝缘层注入浮置栅，当浮置栅极被注入电子后，源极与漏极之间感应出导电沟道，此时该存储单元保存的信息为 "0"。由于浮置栅被 SiO$_2$ 绝缘层包围，因此一旦带电后，电子很难泄漏，使信息得以长期保存。研究表明，在 120℃的温度下，它所存储的信息能被保存 10 年，在 70℃的温度下，能被保存 100 年。如果要将基本存储电路所存储的信息由 "0" 变为 "1"，只需设法将其浮置栅上的电子释放掉。实验证明，当用一定波长的紫外光照射浮置栅时，电子便可以获得足够的能量，穿过 SiO$_2$ 绝缘层，以光电流的形式释放掉，这时，存储的信息就由 "0" 变为 "1"。因此，用户在专门写入装置及擦除装置的帮助下，可以对上述基本存储单元进行任意次的编程与擦除操作，从而大大提高 EPROM 芯片使用的灵活性。由于这种基本存储电路编程和擦除信息时需要专门的设备，在微机系统正常运行过程中，它们所存储的信息只能读出而不能改写，因此这种基本存储电路在微机系统中应用时，只能用作 ROM 器件。需要注意的是，EPROM 芯片经编程后正常使用时，应在其照射窗上贴上不透光的胶纸作为保护层，以免基本存储电路中的电子在光照下慢慢泄漏。

（a）EPROM 的基本存储电路　　　　　　　　（b）浮置栅场效应管结构

图 5-17　EPROM 的基本存储电路和 FAMOS 结构

2．编程和擦除过程

EPROM 的编程过程其实就是向 FAMOS 管的浮置栅注入电子的过程，也是向基本存储电路写入 "0" 的过程。在漏极和源极之间加上-25V 的反向电压，同时加上编程脉冲信号（宽度约为 50ns），使漏极与源极瞬时产生雪崩式击穿，一部分电子在强电场作用下通过绝缘层注入浮置栅中，当反向电压撤除后，由于所注入的电子被 SiO_2 绝缘层包围，无泄漏通道，使电子长时间保留在栅极上，相应的场效应管导通，表明将"0"写入了该单元。

擦除的过程与编程相反，一般采用波长为 235.7nm 的 15W 紫外灯管，对准芯片窗口，在近距离内连续照射 15～20min，使浮置栅上的电子获得能量，从 SiO_2 绝缘层包围中以光电流形式逃逸，即可将芯片内的信息全部擦除。

3. 典型的 EPROM 芯片

常用的典型 EPROM 芯片有 2716（2K×8）、2732（4K×8）、2764（8K×8）、27128（16K×8）、27256（32K×8）、27512（64K×8）等。这些芯片采用 NMOS 或 CMOS 工艺，如果采用 CMOS 工艺，常在其名称中加一个 C，如 27C64，其功耗要比前者小得多。

下面以 2716 芯片为例介绍 EPROM 的性能、工作方式。2716 芯片是 2K×8 位（16K 位）的 EPROM 存储芯片，采用 NMOS 制造工艺，容量为 2KB，为 24 脚双列直插芯片，工作时，只要求用单一的+5V 电源，其内部结构框图和引脚图如图 5-18 所示。

图 5-18　2716 芯片的内部结构及引脚图

（1）2716 芯片的内部结构

存储体：2716 芯片的存储阵列由 2K×8 个带有浮置栅的 MOS 管按 256×256 矩阵排列构成，可保存 2K×8 位二进制信息。

地址译码器：采用双译码方式，行译码器（X 译码器）对 7 位行地址进行译码，列译码器（Y 译码器）对 4 位列地址进行译码，可以选中 2K 个存储单元中的任意一个。

数据输出缓冲器：对输出数据实现缓冲。

输出允许、片选和编程逻辑：片选及控制信息的读/写。

（2）2716 芯片的引脚功能

A_0～A_{10}：11 条地址线，输入。可寻址片内的 2K 个存储单元。

O_0～O_7：8 位数据线。工作时为数据输出线，编程时为数据输入线。

$\overline{CE}$：片选信号，输入，低电平有效，当 $\overline{CE}$ 为低电平时，表示选中该芯片。

$\overline{OE}$：数据输出允许信号，输入，低电平有效，允许数据输出。

V_{PP}：编程电压输入，编程时在该引脚上加编程电压，不同类型芯片其 V_{PP} 不同，可以是+12.5V、+25V 等。

V_{CC}：+5V 电源。

GND：地。

（3）2716 芯片的工作过程

2716 芯片有 6 种工作方式，如表 5-2 所示，其中，V_{PP} 接+5V 时，为正常工作方式；当 V_{PP} 接+25V 时，为编程工作方式。

表 5-2　2716 芯片工作方式

工 作 方 式	$\overline{CE}$	$\overline{OE}$	V_{CC}	V_{PP}	$O_7 \sim O_0$
读出	0	0	+5V	+5V	输出
备用	1	×	+5V	+5V	高阻
读出禁止	0	1	+5V	+5V	高阻
编程写入	正脉冲	1	+5V	+25V	输入
编程校验	0	0	+5V	+25V	输出
编程禁止	0	1	+5V	+25V	高阻

① 读出方式：是 2716 芯片正常的工作方式，是它在计算机系统中的主要工作方式。在读出方式下，由表 5-2 可知，V_{CC} 和 V_{PP} 两引脚均接+5V 电压，从地址线 $A_0 \sim A_{10}$ 接收来自 CPU 所选择的存储单元的地址，当片选信号 $\overline{CE}$ 和输出允许信号 $\overline{OE}$ 均有效时，被选择的存储单元的内容即可被读到数据总线上。2716 芯片的读操作时序图如图 5-19 所示，首先地址信号有效，然后 $\overline{CE}$ 和 $\overline{OE}$ 信号相继有效，在 $\overline{CE}$ 信号有效后 t_{CE} 时间和 $\overline{OE}$ 信号有效后 t_{OE} 时间，芯片的输出三态门才能完全打开，这时指定存储单元的内容才能被读出到数据输出引脚上。

图 5-19　2716 芯片读操作时序图

② 备用方式：当 $\overline{CE}$ 引脚为高电平时，2716 芯片工作于备用方式，输出呈高阻态，与芯片未被选中时类似，这时芯片功耗大幅度下降。

③ 读出禁止方式：当 $\overline{OE}$ 引脚为高电平，同时 $\overline{CE}$ 引脚为低电平时，芯片存储单元的内容被禁止读出，输出呈高阻态。

④ 编程写入方式：当芯片工作在这种方式时，V_{CC} 引脚接+5V 电源，V_{PP} 引脚接+25V 电源，$\overline{OE}$ =1，地址信号线选择需要编程的存储单元地址，从数据线 $O_0 \sim O_7$ 输入要编程写入的数据，在地址和数据信号稳定之后，从 $\overline{CE}$ 引脚输入宽度约为 45ms 的编程正脉冲，即可实现将字节数据写入相应的存储单元。

⑤ 编程校验方式：为了检查编程时写入的数据是否正确，2716 芯片提供两种校验方式。一种是在编程过程中按字节进行校验，即在每个字节写入完成后进行检验；另一种方式是在

编程结束后，对所有写入数据进行校验。校验时 V_{CC} 端接+5V 电源，V_{PP} 端接+25V 电源，$\overline{OE}$ 和 $\overline{CE}$ 分别为低电位，将写入的数据读出，检验与写入的信息是否一致。

⑥ 编程禁止方式：在对多个 2716 芯片同时编程时，欲对某个 2716 芯片禁止，将该芯片的 $\overline{OE}$ 引脚置为高电平，$\overline{CE}$ 引脚置为低电平，此时编程立即被禁止，数据线呈高阻态。

5.3.2 电可擦除可编程 ROM（E^2PROM）

EPROM 的优点是芯片可被多次重复编程，但编程时必须把芯片从计算机系统中取出，用专门的编程器进行编程，这在实际使用时很不方便，所以在很多情况下需要使用 E^2PROM。E^2PROM 是一种在线（即不用拔下来）可编程只读存储器，它能像 RAM 那样随机地进行改写，又能像 ROM 那样在掉电时使已经保存的信息不丢失，即 E^2PROM 兼有 RAM 和 ROM 的双重功能特点。

1. E^2PROM 的基本存储电路

E^2PROM 的基本存储单元结构图如图 5-20 所示，其工作原理与 EPROM 类似，同样采用浮置栅技术，当浮置栅上没有电荷时，MOS 管的漏极和源极之间不导电；若将电子注入浮置栅中，则会在 MOS 管的漏极和源极之间感应出导电沟道，MOS 管导通。在 E^2PROM 中，使电子注入浮置栅中或从中逃逸的方法与 EPROM 不同。E^2PROM 中，在漏极上面增加了一个隧道二极管，它在控制栅极与漏极之间的电压 V_G 的作用下，可使电子通过它注入浮置栅（即起编程作用），感应出导电沟道；若 V_G 的极性相反，可使电子从浮置栅流向漏极（即起擦除作用），导电沟道消失。由于 E^2PROM 是用电擦除的，擦除的速度比 EPROM 快得多，编程与擦除时所使用的电流都是极小的，可用普通的电源供给 V_G。E^2PROM 的另一个优点是，擦除可以按字节分别进行，不像 EPROM 在擦除时把整个芯片的内容全擦除。由于字节的编程和擦除都只需要 10ms，并且不需特殊装置，可以在线进行，因此，E^2PROM 既具有 ROM 的非易失性，又具备类似于 RAM 的功能，可以随时编程写入。常用的典型芯片有 2816、2817、2864 等。

2. E^2PROM 的典型芯片 AT28C64

（1）AT28C64 芯片的引脚

AT28C64 是采用 CMOS 工艺制造的 8K×8 位的电可擦除可编程 ROM，其引脚图如图 5-21 所示，为 28 脚双列直插芯片。

图 5-20 E^2PROM 基本存储单元结构图

图 5-21 AT28C64 的引脚图

$A_0 \sim A_{12}$：13 条地址线，输入，可对片内的 8K 个存储单元中的任意一个进行寻址。

$I/O_7 \sim I/O_0$：8 位数据线，正常工作时为数据输出线，编程时为数据输入线。

$\overline{CE}$：片选信号，输入，低电平有效。当 $\overline{CE}$ =0 时，表示选中该芯片，可进行读/写操作。

$\overline{OE}$：数据输出允许信号，输入，低电平有效。

$\overline{WE}$：写允许信号，输入，低电平有效。当 $\overline{CE}$ =0，$\overline{OE}$ =1，$\overline{WE}$ =0 时，允许将数据写入指定的存储单元；当 $\overline{CE}$ =0，$\overline{OE}$ =0，$\overline{WE}$ =1 时，允许将指定存储单元的数据输出。

RDY/$\overline{BUSY}$：写结束状态信号，输出。当数据被写入时，该引脚为低电平；一旦写入完成，即变为高电平。

V_{CC}：+5V 电源。

GND：接地。

（2）AT28C64 芯片的工作方式

AT28C64 主要有 4 种工作方式，如表 5-3 所示。

表 5-3　AT28C64 的工作方式

工 作 方 式	$\overline{CE}$	$\overline{OE}$	$\overline{WE}$	$I/O_7 \sim I/O_0$
读出	0	0	1	输出
备用	1	×	×	高阻
写入	0	1	0	输入
擦除	0	12V	0	高阻

① 读出方式：从 E^2PROM 中读出数据与从 SRAM 中读取数据类似。当 $\overline{CE}$ 和 $\overline{OE}$ 引脚加低电平，同时 $\overline{WE}$ 加高电平时，被选中存储单元的内容被读出到数据总线上。

② 备用方式：当 $\overline{CE}$ 引脚为高电平时，AT28C64 工作在备用方式，输出为高阻态，芯片功耗大幅度下降。

③ 写入方式：E^2PROM 有两种编程写入方式：字节写入方式和页写入方式。字节写入方式是一次写入一个字节数据，在存储单元被擦除之后才写入新的数据。在写周期，$\overline{OE}$ 为高电平，$\overline{CE}$ 与 $\overline{WE}$ 为低电平。在 $\overline{CE}$ 或 $\overline{WE}$ 的下降沿将地址信息锁存，在上升沿将要写入的数据锁存。RDY/$\overline{BUSY}$ 引脚用来检查写操作是否结束，只有当 RDY/$\overline{BUSY}$ 为高电平时，下一字节才允许被写入。页写入方式是在一个写周期内写入一页，数据在内存中按顺序排列，页的大小取决于 E^2PROM 内部的页寄存器的大小。如 AT28C64 的内部页寄存器为 64B。采用页写入方式时，要写入的数据首先被写入页缓冲器中，再将要写入的页单元内容擦除，最后把页缓冲器中的内容写到相应的单元中。

④ 擦除方式：擦除实际上就是使浮置栅中的电子逃逸，使存储单元中的内容变为"FFH"的操作。E^2PROM 既可以按字节擦除，也可以整片擦除。当要擦除一个字节时，只要向该单元写入数据 FFH，就相当于擦除了该单元。如果要擦除整个芯片，可利用 E^2PROM 的片擦除功能。对 AT28C64 来说，当 $\overline{CE}$ =0，$\overline{OE}$ 引脚加+12V 电压，同时 $\overline{WE}$ 为低电平，持续 10ms，则芯片中的所有数据位都被改写为 1。

5.3.3　Flash 存储器

尽管 E^2PROM 能够在线编程，而且可以自动页写入，写入时也不需要专门的编程设备，但是其编程时间相对于 RAM 而言仍较长，特别是对大容量的芯片更是如此。在此背景下，一种结合了 RAM 和 ROM 优点的新型存储器件——Flash 存储器（Flash Memory，又称闪存）被研制出来。Flash 存储器既具有 RAM 易读写、集成度高、速度快等优点，又具有 ROM 掉电后存储内容不丢失的优点。闪存可实现大规模电擦除，而且擦除、重写速度较快，可重复使用。Flash 存储器从 20 世纪 80 年代被发明以来，工艺技术取得了极大发展并得到广泛应用。

Flash 存储器分为两类：Nor Flash 和 NAND Flash。Intel 公司于 1988 年发明 Nor Flash，它的写入和擦除操作都很快，具有独立的数据线和地址线，易于连接，读/写时序类似于 SRAM，使用方便，可随机读取，可以在芯片上直接运行代码，可靠性较高，在小容量时有很高的性价比，适用于嵌入式系统中的存储程序。Nor Flash 的擦写次数可达十万次以上。NAND Flash 是东芝公司于 1989 年发明的，它的写入和擦除速度更快，擦写次数可达百万次，密度更大，而且价格更低。但是只允许连续读取和擦除，是高数据存储密度的理想解决方案。日常所见的 USB 闪存盘、SSD 固态硬盘就是采用 NAND Flash 芯片作为存储介质的。

本节对 Nor Flash 的存储原理和典型芯片 TMS28F040 的功能和应用进行简单介绍。

1. Flash 存储器基本存储电路

Flash 存储器是在 EPROM 与 E^2PROM 的基础上发展起来的，都是利用浮置栅技术，用单管来存储 1 位信息，但它的在线编程写入速度远比 E^2PROM 快。Flash 存储器的存储单元结构如图 5-22 所示，在源极上加高电压 V_{PP}，控制栅极接地，在电场作用下，浮置栅上的电子越过氧化层后进入源极区而全部消失，能够实现一个区域擦除或全部擦除。从基本工作原理上看，Flash 存储器属于 ROM 类存储器，掉电后存储内容又不丢失，同时它又可以随时被改写；从功能上看，它相当于随机存储器（RAM），所以它是一种理想的存储器，应用很广泛。

2. 典型的闪存芯片 TMS28F040（16×32KB）

下面以芯片 TMS28F040 为例简单介绍闪存的工作原理和应用。

（1）TMS28F040 的引脚

TMS28F040 的外部引脚如图 5-23 所示。

图 5-22　Flash 存储器的存储单元结构　　　图 5-23　TMS28F040 的外部引脚图

$A_0 \sim A_{18}$：19 条地址线，输入。用于选择片内的 512K 个存储单元。

$DQ_0 \sim DQ_7$：8 条数据线，双向。因为它共有 19 条地址线和 8 条数据线，说明该芯片的容量为 512K×8 位，TMS28F040 将其 512KB 的容量分成 16 个 32KB 的块，每一块均可独立进行擦除。

$\overline{E}$ ：写允许信号，输出。在它的下降沿锁存选中单元的地址，用上升沿锁存写入的数据。

$\overline{G}$ ：输出允许信号，低电平有效。

（2）TMS28F040 的工作过程

TMS28F040 有 3 种主要工作方式，即读出、编程写入和擦除，但是与 E^2PROM 不同的是，它不能简单地通过时序信号的控制确定工作方式，它必须通过向内部状态寄存器写入命令的方法来控制芯片的工作方式。另外，TMS28F040 的许多功能需要由状态寄存器的状态决定，通过向状态寄存器写入命令 70H，读出状态寄存器各位的状态，从而知道芯片当前的工作状态。状态寄存器各位的意义如表 5-4 所示，操作命令如表 5-5 所示。

表 5-4   TMS28F040 状态寄存器各位的意义

位	高电平（1）	低电平（0）	意　义
$SR_7(D_7)$	准备好	忙	写命令
$SR_6(D_6)$	擦除挂起	正在擦除/已完成	擦除挂起
$SR_5(D_5)$	块或片擦除错误	片或块擦除成功	擦除
$SR_4(D_4)$	字节编程错误	字节编程成功	编程状态
$SR_3(D_3)$	V_{PP} 太低，操作失败	V_{PP} 合适	监测 V_{PP}
$SR_2 \sim SR_0$			保留未用

表 5-5   TMS28F040 的操作命令

命　令	第一总线周期			第二总线周期		
	操作	地址	操作	地址	操作	地址
读存储单元	写	×[1]	00/FFH			
读标记	写	×	90H	读	IA[2]	
读状态寄存器	写	×	70H	读	×	SRD[3]
清除状态寄存器	写	×	50H			
自动块擦除	写	×	20H	写	BA[4]	D0H
擦除挂起	写	×	B0H			
擦除恢复	写	×	D0H			
自动字节编程	写	×	10H	写	PA[5]	PD
自动片擦除	写	×	30H	写		30H
软件保护	写	×	0FH	写	BA[6]	PC[7]

注：

（1）×：该芯片地址范围内任意地址；

（2）IA=00000H，读厂家标记；IA=00001H，读器件标记；

（3）SRD：从状态寄存器读出的数据；

（4）BA：需要擦除块的块地址（$A_{15} \sim A_{18}$）；

（5）PA：待编程存储单元地址；PD：待写入存储单元的数据；

（6）BA：需要保护块的块地址；

（7）PC：保护命令，00-清除所有保护，FF-置全片保护，0F-置指定地址的块保护，F0-清除指定地址的块保护。

① 读出操作：包括读出芯片中某个单元的内容、读出内部状态寄存器的内容，以及读出芯片内部的厂家及器件标记三种情况。在初始加电或写入命令 00H（或 FFH）之后，芯片处于只读存储单元的状态，与读 SRAM 或 E²PROM 芯片一样，很容易读出指定的存储单元中的内容。

② 编程写入：包括对芯片存储单元的写入和对其内部每个 32KB 块的软件保护。软件保护是用命令将芯片的某一块或某些块设置为写保护，也可设置整片为写保护状态，这时被保护的块不能被写入新内容。例如，向状态寄存器写入命令 0FH，再送上要保护块的地址，就可设置规定的块为写保护。写入命令 FFH，可设置全片为写保护状态。

TMS28F040 的编程写入采用字节编程方式，操作方法可参见表 5-5 中的自动字节编程命令。首先，CPU 向 TMS28F040 的状态寄存器写入命令 10H，再向需要编程的地址单元写入数据；接着查询状态寄存器，判断这个写入操作是否完成；如果完成，则重复这个写入过程，直到全部数据写入完成。写入过程的流程如图 5-24 所示。

③ 擦除方式：在对 Flash 进行写操作时，每位数据可以通过编程由 "1" 变为 "0"，但不可以由 "0" 变为 "1"。所以在执行写操作前，必须执行擦除操作。擦除操作会把 Flash 的一个块或整片 Flash 的值全修改为 0xFF。TMS28F040 的擦除操作模式包含块擦除（Block Erase）和整片擦除（Chip Erase）。块擦除是指可以擦除 TMS28F040 的某一块或某些块，每 32KB 为一块，块地址由 $A_{15} \sim A_{18}$ 决定；整片擦除最快只需 2.6s。擦除的流程图如图 5-25 所示。擦除过程中允许擦除挂起和恢复擦除，受保护的内容不被擦除。

图 5-24 TMS28F040 字节编程流程　　图 5-25 TMS28F040 的擦除流程

注意，在使用 TMS28F040 时，要求在其引线控制端加上适当的电平，以保证芯片正常工作，在不同工作方式时 TMS28F040 的工作条件是不同的，如表 5-6 所示。

表 5-6　TMS28F040 的工作条件

	$\overline{E}$	$\overline{G}$	V_{PP}	A_9	A_0	$DQ_0 \sim DQ_7$
只读存储单元	V_{IL}	V_{IL}	V_{PPL}	×	×	数据输出
读	V_{IL}	V_{IL}	×	×	×	数据输出

	$\overline{E}$	$\overline{G}$	V_{PP}	A_9	A_0	$DQ_0 \sim DQ_7$
禁止输出	V_{IL}	V_{IH}	V_{PPL}	×	×	高阻
准备状态	V_{IH}	×	×	×	×	高阻
厂家标记	V_{IL}	V_{IL}	×	V_{ID}	V_{IL}	97H
芯片标记	V_{IL}	V_{IL}	×	V_{ID}	V_{IH}	79H
写入	V_{IL}	V_{IH}	V_{PPH}	×	×	数据写入

注：V_{IL} 为输入低电平，V_{IH} 为输入高电平。V_{PPH} 为 12V，V_{ID} 为 12V。

对于数字输入端，× 可以是 V_{IL} 或 V_{IH}。对于 V_{PP}，× 可以是 V_{PPL} 或 V_{PPH}。

5.4　存储器芯片的扩展及其与系统总线的连接

在计算机系统中，存储器通过三种总线与 CPU 系统总线相连，CPU 对存储器进行读/写操作时，首先由地址总线给出地址信号，选择要进行读/写操作的存储单元，然后通过控制总线发出相应的读/写控制信号，这时才能在数据总线上进行数据交换。所以，存储器芯片与 CPU 之间的连接，实质上就是与数据总线、地址总线和控制总线这三种总线的连接。

5.4.1　存储器芯片与 CPU 连接的主要问题

存储器与 CPU 连接时，原则上可以将存储器的地址线、数据线与控制信号线分别与 CPU 的系统地址总线、数据总线和控制总线连接，在实际应用时必须考虑以下问题。

1. CPU 总线负载能力

CPU 的外部总线的驱动负载能力是有限度的，8086/8088 微处理器输出线的直流负载能力一般为 5 个 TTL 或 10 个 CMOS 逻辑器件。如果存储器采用 MOS 电路，它的直流负载很小，主要的负载是电容负载，故在小型系统中，CPU 可以直接与 MOS 存储器相连接。而在较大的系统中，由于 CPU 的接口电路较多，存储芯片容量较大，这时需要考虑 CPU 的驱动负载能力，当负载过重时，CPU 的驱动负载能力不能满足要求，这时 CPU 芯片的引脚不直接与系统总线相连，而是通过数据缓冲器、地址锁存器、总线控制器等芯片与系统总线连接。

2. 存储器的地址分配及片选问题

计算机系统的内存通常分为 RAM 区和 ROM 区，RAM 区又分为系统区和用户区，这就需要对存储器地址进行合理的分配，并根据存储容量，选择适当类型的存储器芯片，同时由于单片存储芯片容量有限，因此计算机系统中的存储器系统常由多片组成。存储器空间的划分和地址编码是靠地址线来实现的，一般采用地址线的高位产生片选信号，实现对存储器芯片的选择，采用地址线的低位实现对存储器芯片内的存储单元直接寻址。另外，若 CPU 的地址线、数据线为分时使用，则 CPU 要用地址选通信号将地址信息存入地址锁存器，地址锁存器的输出线接存储器的地址线。对于分时输入行、列地址的 DRAM 芯片，需要在 CPU 与存储器芯片之间加多路转换器或 DRAM 控制器，并用 $\overline{RAS}$ 和 $\overline{CAS}$ 将地址的低位与高位分时送入存储器。

3．CPU 时序与存储器芯片存取速度的配合问题

计算机工作时，CPU 对存储器的读/写操作是最频繁的基本操作，CPU 在对存储器进行读/写操作时，时序是固定的，在 CPU 发出地址和读/写控制信号后，存储器必须在规定时间内与数据总线完成数据交换，存储器的读取速度必须满足 CPU 的时序要求，否则要考虑加入等待周期 T_W，甚至还要更换存储器芯片。所以，在考虑存储器与 CPU 连接时，必须考虑存储器芯片的工作速度能否与 CPU 的读/写时序相匹配。

4．控制信号的连接

8086 微处理器与存储器连接的控制信号主要有：地址锁存信号 ALE、选择信号 M/$\overline{\text{IO}}$，读/写信号 $\overline{\text{RD}}$ 和 $\overline{\text{WR}}$、准备就绪信号 READY 等。存储器控制信号将与 CPU 的上述某些对应信号线相连。一般 $\overline{\text{RD}}$ 可直接与存储器的 $\overline{\text{OE}}$ 端相连，$\overline{\text{WR}}$ 连接存储器的 $\overline{\text{WE}}$ 端。如果存储器只有一条读/写信号线，如 2114 的 $\overline{\text{WE}}$，则 CPU 的 $\overline{\text{RD}}$ 和 $\overline{\text{WR}}$ 可由外接电路组成 $\overline{\text{WE}}$ 信号。

5．数据信号的连接

存储器通常以字节编址，一个存储单元对应 1 字节，数据线只有 8 位（条），而 CPU 的系统数据总线宽度通常与字长相同，即 8 位、16 位、32 位或 64 位。对于 8 位宽度数据总线的 CPU，与存储器连接时，双方的 8 位数据线对应相连即可，如 8088 微处理器数据总线为 8 位，与存储器的 8 位数据线对应相连即可，每次读/写 1 字节，如要读/写一个字（16 位），则必须访问 2 次存储器。对于 16 位、32 位、64 位 CPU，其数据总线为 16 位、32 位、64 位，它们与存储器连接时，需要考虑如何将存储器芯片的 8 位数据线连接到 16 位、32 位或 64 位 CPU 上去。

5.4.2　存储器片选控制方法

计算机系统的内存都是由多个存储器芯片组成的，而 CPU 在对存储器进行读/写操作时，只对一个存储单元进行操作。为了选中这个存储单元，CPU 必须进行两级寻址，首先选择存储器芯片，称为片选，然后从被选中的芯片中选择出一个指定的存储单元，以进行数据的存取，称为字选。片内寻址由存储器芯片内的译码器完成，通常有行、列两个地址译码器，CPU 将低位地址连接到存储器芯片的地址引脚上，经片内地址译码，实现字选，这部分译码电路不需要用户设计，所以常说的译码电路仅用来产生片选信号。而片选是由地址总线的高位地址中的某一位或某几位经过外部译码器译码来完成的，通常有三种方法，即线选法、全译码法和部分译码法。

1．线选法

线选法是指直接用地址总线的高位地址中的某一位或某几位作为存储器芯片的片选信号（$\overline{\text{CS}}$），将地址信号线分别与各芯片的片选端相连，当某个芯片的片选端为低电平时，选中该芯片。线选法产生片选信号的电路如图 5-26 所示，两个 8K×8 位 EPROM 芯片 2764，采用线选法对它们进行寻址，A_{13} 和 A_{14} 分别接芯片 1 和芯片 2 的片选端，当 A_{13} 和 A_{14} 分别为 0 时，对应的片选信号有效。由于两芯片不能同时被选中，因此同一时间只能有 1 位地址有效，不

允许出现 $A_{14}A_{13} = 00$ 的情况,当 $A_{14}A_{13} = 10$ 时,选中芯片 1,其地址范围为 04000H～05FFFH;当 $A_{14}A_{13} = 01$ 时,选中芯片 2,其地址范围为 02000H～03FFFH。

图 5-26   线选法产生片选信号电路

线选法的优点是电路简单,选择芯片不需外加逻辑电路。但线选法会造成系统存储器空间的浪费,每个芯片所占的地址空间把整个地址空间分成了相互隔离的区段,地址空间不连续,这给编程带来一定的困难。因此,线选法只适用于容量较小的简单微机系统或不需要扩充内存空间的系统。

2. 全译码法

全译码法是指系统地址总线中除用于片内寻址以外的全部高位地址线都参加译码,把译码器的输出信号作为各芯片的片选信号,以实现片选。在全译码方式下,存储器芯片上的每一个存储单元在整个内存空间中的地址是唯一的,并且各芯片所占地址空间相互邻接。常用的译码器芯片有 74LS139(2/4)译码器、74LS138(3/8)译码器等,图 5-27 是一种采用全译码法的存储系统电路,它采用 74LS138 译码器作为全译码电路,系统中有一个 EPROM 芯片 2764,其容量为 8K×8 位,地址线 A_{12}～A_0 与芯片的地址输入端直接相连,用来对芯片内的各存储单元译码;高位地址线 A_{19}～A_{13} 全部与译码器 74LS138 相连,用来生成片选信号,译码器的输出端 $\overline{Y_6}$ 接 2764 芯片的片选端 $\overline{CE}$。当高位地址 A_{19}～A_{13} = 0001110 时,2764 芯片被选中,因此它的地址范围为 1C000H～1DFFFH。

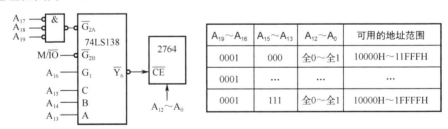

A_{19}～A_{16}	A_{15}～A_{13}	A_{12}～A_0	可用的地址范围
0001	000	全0～全1	10000H～11FFFH
0001	...	...	...
0001	111	全0～全1	10000H～1FFFFH

图 5-27   全译码方式产生片选信号

3. 部分译码法

部分译码法是将高位地址线中的部分地址信号线经过地址译码器译码,作为片选信号,用地址线低位部分实现片内寻址。因此,那些未参与译码的高位地址可以为 1,也可以为 0,就会发生每个存储单元有多个地址的情况,出现地址重叠现象,造成系统地址空间资源的部分浪费。图 5-28 是一种采用部分译码法产生片选信号的电路,完成对 4 个 2732 芯片（4K×8位,EPROM）的寻址,地址总线的 A_{11}～A_0 与芯片的地址线对应相连,A_{12}～A_{14}、A_{16}～A_{17} 地址线与译码器的输入端相连,参与译码高位地址线,A_{19}、A_{18} 和 A_{15} 没有被使用,因此,每个芯片将同时具有 $2^3 = 8$ 个可用且不同的地址范围（即重叠区）。在选择地址范围时,通常将未用的地址线设为 0，这时图中 4 个 2732 芯片所构成的存储空间的地址范围是 10000H～13FFFH。

芯片	A_{19}～A_{15}	A_{14}～A_{12}	A_{11}～A_0	可用的地址范围
1	××01×	000	全0～全1	10000H～10FFFH
2	××01×	001	全0～全1	11000H～11FFFH
3	××01×	010	全0～全1	12000H～12FFFH
4	××01×	011	全0～全1	13000H～13FFFH

图 5-28　部分译码法产生片选信号

5.4.3　8086 存储器组织结构

8086 微处理器有 20 位地址线，无论是工作在最小方式下，还是在最大方式下，存储空间的寻址范围都是 1MB。数据通常以字节为单位存放在存储器中，每个字节占用一个唯一的地址，称为存储器的标准结构。因此，若存放的数据为 8 位，则将其按顺序进行存放；但是若存放的数据为 16 位，数据需要占用两个地址空间，这时 8086 约定低字节存放在低地址单元，高位字节存放在高地址单元，低字节的地址作为这个字的地址。若一个字从奇数地址开始存放（即低字节存放在奇数地址），则称为非规则存放，8086 要用连续的两个总线周期来存取这个字，每个周期存取一个字节。若一个字从偶数地址开始存放，则称为规则存放，8086 可在一个总线周期内完成对规则字的存取。如字数据 1234H 和 5678H 分别存放在 00200H～00201H 和 00203H～00204H 单元中，8086 对数据 1234H 的读取只需一个总线周期，而对数据 5678H 的读取则需两个总线周期。

在 8086 系统中，1MB 的存储空间从物理上被分为奇地址存储体和偶地址存储体，每个存储体容量为 512KB。奇地址存储体的数据线连接数据总线的高 8 位（D_{15}～D_8），称为高位字节存储体。偶地址存储体的数据线连接数据总线的低 8 位（D_7～D_0），称为低位字节存储体。存储体与总线的连接如图 5-29 所示，奇地址存储体由 $\overline{BHE}$ 信号选择；偶地址存储体由 A_0 信号选择，当 $\overline{BHE}$ 和 A_0 均有效时，奇、偶都被选中。奇、偶地址存储体的片内寻址均由地址总线 A_{19}～A_1 控制。

图 5-29　存储体与总线的连接

8086 微处理器访问（读或写）存储器的操作由 $\overline{BHE}$ 信号和 A_0 组合控制，如表 5-7 所示。

从表中可以发现，如果从偶地址开始存放数据，程序的运行速度将大大提高。

表 5-7　$\overline{\text{BHE}}$ 和 A_0 组合的对应操作

$\overline{\text{BHE}}$	A_0	数据读/写格式	使用数据线	需要的总线周期
0	0	从偶地址读/写一个字	$D_{15} \sim D_0$	一个总线周期
1	0	从偶地址读/写一个字节	$D_7 \sim D_0$	一个总线周期
0	1	从奇地址读/写一个字节	$D_{15} \sim D_8$	一个总线周期
0	1	从奇地址读/写一个字 先读/写字的低 8 位（在奇地址存储体中）	$D_{15} \sim D_8$ $D_7 \sim D_0$	两个总线周期
1	0	再读/写字的高 8 位（在偶地址存储体中）		

5.4.4　存储器芯片的扩展及实例

计算机存储器系统的容量很大，由于单个存储芯片的容量有限，在构成存储器系统时，单个芯片往往不能同时满足存储器位数（数据线的位数）或字数（存储单元的个数）的要求，这时需要将多个存储芯片组合起来，以满足对存储器系统的要求。这种组合称为存储器的扩展，有位扩展、字扩展和字位扩展 3 种方式。

1. 位扩展

计算机的存储器系统通常以字节为单位进行操作，如果一个存储器芯片的容量已经满足存储器系统的要求，但其字长不能同时提供系统所要求的位宽，就必须把多个芯片组合起来使用以满足系统对字长的要求，这就是存储器芯片的位扩展。位扩展把多个存储器芯片组成一个整体，使数据位数增加，但存储单元个数不变。经位扩展构成的存储器，每个存储单元的内容被存储在不同的存储器芯片上。位扩展构成存储器时采用的电路连接方法是：将每个存储器芯片的数据线分别接到系统数据总线的不同位上，地址线和各类控制线（包括片选信号线、读/写信号线等）并联在一起。现以 2114 芯片为例说明存储器的位扩展过程。2114 芯片的存储容量为 1K×4 位，数据位数为 4 位，当使用 2114 芯片构成 1KB 的内存空间时，需要 2 个该芯片并联，在位方向上进行扩充，使存储单元数据位数达到 8 位，两个芯片组成一个整体与 CPU 连接，它们将同时被选中，共同组成容量为 1KB 的存储器模块。

例 5.1　用 1K×4 位的 2114 芯片构成 1K×8 位的存储器系统。

由已知条件可知，2114 芯片的存储容量已经满足存储器系统的要求，但字长不够，需要 2 个 2114 芯片并联构成存储器系统，它们的数据线分别与系统数据总线的高 4 位和低 4 位相连，共同构成一个字节存储单元，具体如图 5-30 所示。图中，CPU 的地址线的低 10 位 $A_9 \sim A_0$ 分别与 2 个 2114 芯片的地址线 $A_9 \sim A_0$ 相连，实现片内寻址；2 个 2114 芯片的片选端 $\overline{\text{CS}}$ 互相连接，其控制信号由 CPU 的高位地址线经过译码器的译码产生；CPU 的 8 位数据线中的高 4 位和低 4 位分别与 2 个 2114 芯片的 4 位 I/O 数据端相连；CPU 的 $\overline{\text{WR}}$ 线与 2 个 2114 芯片的 $\overline{\text{WE}}$ 端并联。这样，当 2 个 2114 芯片同时被选中时，CPU 就能够对其进行字节的访问，当 $\overline{\text{WR}}$ 为低电平时，对 2114 芯片进行的是写操作；当 $\overline{\text{WR}}$ 为高电平时，进行的是读操作。

图 5-30　位扩展电路连接图

2. 字扩展

当存储器芯片的字长符合存储器系统的要求，但存储容量太小、存储单元的个数不够时，需要增加存储单元的数量，可采用字扩展的方法来满足系统的要求。字扩展把多个存储器芯片组成一个整体，使存储单元个数增加，数据位数不变。经字扩展后构成的存储器，每个存储单元的内容被存储在同一个存储器芯片上，CPU 的寻址范围增大。进行字扩展构成存储器系统采用的电路连接方法与位扩展类似，将每个存储器芯片的数据线分别接到系统数据总线上，各类控制线（包括片选信号线、读/写信号线等）并联在一起，仅 CPU 的高位地址线参与译码，完成对存储芯片的片选，区分各个芯片的地址。例如，若用 2K×8 位的 EPROM 2716 存储器芯片组成 8K×8 位的存储器系统，每个芯片的字长均为 8 位，满足存储器系统的字长要求，但每个芯片只能提供 2K 个存储单元，故需用 4 个这样的芯片，以字扩展的方式进行扩展，以满足存储器系统的容量要求。

例 5.2 用 2K×8 位的 2716 存储器芯片组成 8K×8 位的存储器系统。

由已知条件可知，2716 芯片的字长已满足系统字长要求，但系统存储容量是单片存储容量的 4 倍，需要 4 个这样的芯片经过字扩展后才能组成所要求容量的存储器系统，具体如图 5-31 所示。图中，CPU 地址线的低 11 位 $A_{10} \sim A_0$ 与 4 个 2716 芯片的 11 位地址线 $A_{10} \sim A_0$ 并联，实现片内寻址；CPU 的高位地址线经过译码器译码，译码器的 4 个输出端分别与 4 个 2716 的片选端 $\overline{CE}$ 相连，以实现片选；CPU 的 8 位数据线与 4 个 2716 的 8 位数据线 $O_7 \sim O_0$ 并联；由于 2716 是只读芯片，因此将 CPU 的 $\overline{RD}$ 线与 4 个 2716 的 $\overline{OE}$ 端并联。这样，当其中一个 2716 芯片被选中时，再经过片内寻址，当 $\overline{RD}$ 为低电平时，CPU 就可以从该芯片内相应的存储单元读出 1 字节内容。

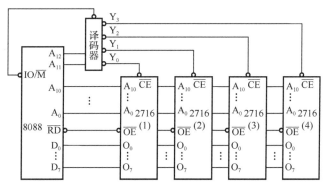

图 5-31　用 2716 构成 8KB 的存储器系统

3. 同时进行位扩展与字扩展

当存储器芯片的字长和容量都不符合存储器系统的要求时，就需要用多片存储器芯片同时进行位扩展和字扩展（称为字位扩展）。字位扩展是从存储器芯片的位数和容量两个方面进行扩展，构成一个存储系统。进行字位扩展时，通常先做位扩展，按存储器字长要求构成芯片组，再对芯片组进行字扩展，使总的存储容量满足存储系统要求。

例5.3　用 1K×4 位的 2114 芯片组成 2K×8 位的存储器系统。

由已知条件可知，2114 芯片的字长和容量都不满足存储系统的要求，需要使用 4 个 2114 芯片进行字位扩展，按照字位扩展的原则，将 4 个 2114 芯片分成两组，首先对它们分别进行位扩展，然后将两组经位扩展后的芯片组进行字扩展，具体电路连接如图 5-32 所示。4 个 2114 芯片被分成两组，每组两个，同组芯片的 $\overline{\text{CS}}$ 端互相连接，高位地址线经过译码器译码后产生的其中两个译码输出信号可以作为片选信号连到各组的 $\overline{\text{CS}}$ 端，实现片选（同时选中一组）；CPU 的低位 10 条地址线与 4 个芯片的地址输入端并联，以实现组内寻址；两组中相应芯片的数据端分别与系统数据总线的高 4 位和低 4 位连接，以组成字节；CPU 的 $\overline{\text{WR}}$ 端与各 2114 芯片的 $\overline{\text{WE}}$ 端相连，以实现读/写操作。

图 5-32　用 4 个 2114 芯片组成 2KB 的存储器

在运用扩展的方法组成存储器系统时，所需存储器芯片的数目由下式确定：

$$芯片数=（存储器系统的存储容量×位数）/（芯片容量×位数）$$

这个公式对于采用任意一种扩展方法由存储器芯片组成的存储器系统都适用。

习题五

5.1　半导体存储器分为哪两大类？它们的用途和主要区别是什么？

5.2　存储器的主要性能指标有哪些？

5.3　存储器由哪几部分组成？各部分的功能是什么？

5.4　简述 SRAM 和 DRAM 各自的特点。

5.5　简述 DRAM 存储器如何进行刷新。

5.6　简述 ROM、PROM、EPROM、E²PROM 在功能上各有何特点。

5.7　存储器与 CPU 之间连接要注意哪些事项？

5.8　存储器扩展设计的方法有哪些？

5.9 存储器芯片片选信号产生的方式有哪三种？各自的特点是什么？

5.10 一个存储器芯片的容量为 8K×4 位，该芯片的地址线为多少条？数据线为多少条？

5.11 一个 DRAM 芯片外部引脚信号中有 8 条数据线、10 条地址线，计算其存储容量。

5.12 一个 32M×8 位的 DRAM 芯片，它的数据线和地址线引脚数分别为多少？

5.13 某 RAM 芯片的存储容量为 1024×8 位，该芯片的外部引脚应有几条地址线？有几条数据线？若已知某 RAM 芯片引脚中有 13 条地址线、8 条数据线，那么该芯片的存储容量是多少？

5.14 用 2114 1K×4 位的 RAM 芯片组成 32K×8 位的存储器，需要多少个这样的芯片？

5.15 某 8086 系统用 2764 ROM 芯片和 6264 SRAM 芯片构成 16KB 的内存。其中，RAM 的地址范围为 FC000H～FDFFFH，ROM 的地址范围为 FE000H～FFFFFH。试利用 74LS138 译码，画出存储器与 CPU 的连接图，并指出每片存储器芯片的地址范围。

5.16 利用全地址译码将 6264 芯片接到 8088 系统总线上，地址范围为 30000H～31FFFH，画出逻辑图。

5.17 若用 2164 芯片构成容量为 128KB 的存储器，需多少个 2164 芯片？至少需多少条地址线？其中多少条用于片内寻址？多少条用于片选译码？

第6章 输入/输出接口及中断系统

本章要点

◆ 了解输入/输出接口的功能及编址方式

◆ 掌握 3 种输入/输出控制方式

◆ 了解 8086 中断系统的基本概念

◆ 掌握 8086 中断类型，中断向量表和中断管理的基本概念

◆ 掌握中断基本原理及 80X86 中断系统的组成

◆ 掌握中断向量表与中断向量的获取

◆ 掌握 8086 的中断响应与处理过程

◆ 掌握 8259A 中断控制器的使用方法

6.1 输入/输出接口概述

6.1.1 输入/输出接口的概念

输入/输出（I/O）接口就是微型计算机与外部输入/输出设备之间的公用边界，是把微型计算机与外界各种检测、控制对象联系起来的纽带和桥梁，是所有微型计算机应用系统必不可少的重要组成部分。

我们知道，任何一个计算机系统必须有输入/输出设备。一方面，由于输入/输出设备的信息表现形式千差万别，它们可能是开关量、数字量，也可能是各种不同性质的模拟量，如温度、湿度、压力、流量、长度、刚度；另一方面，微型计算机与外部设备的信号传输速度往往不匹配，时序也有很大差别，因此必须在它们之间提供一个称为"接口"的电路来进行缓冲和协调，完成微型计算机与外部设备之间传送信息的类型和格式的转换。各种型号、档次的 PC（从 PC/XT、PC/AT、80386 系统到 80486/80586 系统）都提供了 5 个以上的输入/输出扩充插槽，目的就是用于插入连接输入/输出设备的接口电路板（接口卡）。

接口技术是把由处理器等组成的基本系统与外部设备连接起来，从而实现计算机与外设通信的一门技术。处理器通过总线与接口电路连接，接口电路再与外部设备连接，因此 CPU 总是通过接口电路与外部设备进行联系。接口技术是组成任何实用微机系统的关键技术，任何一个微机应用系统的研制和设计，实际上主要就是微机接口的研制和设计，需要设计的硬件是一些接口电路，所要编写的软件是控制这些电路按要求工作的驱动程序。因此，微机接口技术是一种用软件、硬件综合来完成某一特定任务的技术。

6.1.2 输入/输出接口的功能及结构

无论哪种接口，尽管连接的外设千差万别，与外设通信的方式也不一样，但其基本功能和基本结构是相似的。

1．基本功能

① 作为微型计算机与外设之间传送数据的寄存、缓冲站，以适应两者速度上的差异。它们通常由若干寄存器或 RAM 芯片组成。若 RAM 容量足够大，在某些接口上可实现批量数据的传输，如硬盘驱动器接口控制卡。

② 设置地址译码和设备选择逻辑，以保证微型计算机按照特定的路径访问选定的 I/O 设备。

③ 提供微型计算机与外设之间交换数据所需的控制逻辑和状态信号，以保证外设接收微型计算机输出的命令和参数，按指定的命令控制设备完成相应的操作，并把指定设备的工作状态返回给微型计算机。

换言之，就是完成数据、地址、控制总线的转换和连接任务。为了实现上述基本功能，作为接口电路，通常必须为外设提供几个不同地址的寄存器，每个寄存器称为 1 个 I/O 端口，即所谓的数据端口、命令端口和状态端口。所以，I/O 端口实际上相当于 1 个很小的外部存储器，每个 I/O 端口和每个储存单元一样，对应着一个唯一的地址。端口寄存器或部分端口线被连接到外设上。

所谓的 I/O 操作，通常是指 I/O 端口操作，而不是 I/O 设备操作，即 CPU 访问的是与 I/O 设备相连的 I/O 端口，而不是笼统的 I/O 外设，如图 6-1 所示。

图 6-1　I/O 端口示意图

2．I/O 接口电路的基本结构

I/O 接口电路通常为大规模集成电路。虽然，不同功能的接口电路其结构有所不同，但都是由寄存器和控制逻辑两大部分组成的，如图 6-2 所示。

图 6-2　I/O 接口电路基本结构框图

（1）数据缓冲寄存器

数据缓冲寄存器分为输入缓冲寄存器和输出缓冲寄存器两种。前者用来暂时存放外设送来的数据；后者用来暂时存放处理器送往外设的数据。有了数据缓冲寄存器，就可以在高速的 CPU 与慢速的外设之间实现数据的同步传送。

（2）控制寄存器

控制寄存器用于存放处理器发来的控制命令和其他信息，以确定接口电路的工作方式和功能。由于现在的接口芯片大都具有可编程的特点，因此接口芯片可通过编程来确定多种不同的工作方式和功能。控制寄存器是只写寄存器，其内容只能由处理器写入，而不能读出。

（3）状态寄存器

状态寄存器用于保存外设现行各种状态信息。它的内容可以被处理器读出，从而使处理器了解外设状况及数据传送过程中发生的事情，供处理器做出正确的判断，使它能安全可靠地与接口完成交换数据的各种操作。特别是当 CPU 以程序查询方式与外设交换数据时，状态寄存器更是不可缺少的。CPU 通过查询外设的忙/闲、正确/错误、就绪/不就绪等状态，才能正确地与之交换信息。

以上 3 种寄存器是接口电路的核心。通常所说的接口（I/O 端口），大都是指这些寄存器。但是，为了保证在处理器和外设之间正确地传输数据，接口电路还必须包括下面几种控制逻辑电路。

（4）数据总线和地址总线缓冲器

数据总线和地址总线缓冲器用于实现接口芯片内部数据总线与系统的数据总线相连接，接口的端口选择根据 I/O 寻址方式的要求与地址总线的相应端连接。

（5）端口地址译码器

端口地址译码器用于正确选择接口电路内部各端口寄存器的地址，保证一个端口寄存器唯一地对应一个端口地址，以便处理器正确无误地与指定外设交换信息，完成规定的 I/O 操作。

（6）内部控制逻辑

用于产生一些接口电路内部的控制信号，实现系统控制总线与内部控制信号之间的变换。

（7）联络控制逻辑

用于产生/接收 CPU 和外设之间数据传输的同步信号。这些联络信号包括微处理器端的中断请求和响应、总线请求响应，以及外设端的准备就绪和选通等控制与应答信号。

一般来说，数据缓冲寄存器、端口地址译码器和控制逻辑是任何接口都不可缺少的。至于其他各部分是否需要，取决于接口功能的复杂程度和 I/O 操作的同步控制方式。

6.1.3　输入/输出接口的端口寻址

如前所述，一个 I/O 接口电路总要包括若干个端口，除常见的数据端口、命令端口和状态端口外，还有如方式控制、操作结果和地址索引等作为特殊用途的端口。端口可被处理器如同存储单元一样访问，因此每个端口都存在编址方式问题。在当今流行的各类微型计算机中，对 I/O 接口的端口编址有两种方法：端口统一编址和端口独立编址。

1．端口统一编址方式

这种编址方式（又称存储器映像编址）是把每一个端口视为一个存储单元，并赋予相应的存储器地址。微处理器访问端口，如同访问存储器（只是地址值不同）一样，所有访问内存的指令同样适合于 I/O 端口。

统一编址方式的最大优点是无须专门的 I/O 指令，因而简化了指令系统，并可通过功能强的访问内存指令直接对 I/O 数据进行算术或逻辑运算。

统一编址的不足之处是要占用存储空间，最主要的原因是访问内存指令一般都需 3、4 字节，使原本极简单的 I/O 数据传输时间加长了。

2．端口独立编址方式

这种编址方式（又称覆盖编址方式）是把所有 I/O 端口看作一个独立于存储器空间的 I/O 空间。在这个空间内，每个端口都被分配一个地址与之对应。微处理器对 I/O 端口和存储单元的不同寻址是通过不同的读/写控制信号 $\overline{IOR}$、$\overline{IOW}$、$\overline{MEMR}$、$\overline{MEMW}$ 来实现的。由于系统需要的 I/O 端口寄存器一般比存储器的单元要少得多，一般只设置 256～1024 个端口，因此选择 I/O 端口只需要 8～10 条地址线即可。Intel 和 Zilog 公司生产的微处理器，如 Z80/Z8000、I8080/8086/80X86 等系列，就是采用这种方式。显然，要访问独立于存储空间的端口，必须用专门的 I/O 指令。为加快 I/O 数据的传输速度，设计的这种 I/O 指令均为单字节或多字节的（指令直接带端口地址）。通常这种 I/O 指令有两种，即输入指令 IN、输出指令 OUT 及其相关的指令组。不过，这种 I/O 指令仅用于数据传输而无算术或逻辑运算功能。这种编址方式的优点是 I/O 端口地址不占用存储器地址空间；由于 I/O 地址线较少，因此 I/O 端口地址译码器较简单，寻址速度较快；使用专用 I/O 指令与真正的存储器访问指令有明显区别，可使程序编写得更清晰，便于理解和检查。这种编址方式的不足之处在于专用 I/O 指令类型少，远不如存储器访问指令丰富，使程序设计灵活性变差；而且使用 I/O 指令只能在累加器 A 和 I/O 端口间交换信息，处理能力不如存储器映像方式强；尤其是要求处理器能提供存储器读/写、I/O 端口读/写两组控制信号，这就增加了控制逻辑的复杂性，也造成 CPU 芯片引脚资源的进一步紧张。

6.1.4　输入/输出控制方式

由于各种外设的工作速度相差很大，有些相当高（如磁盘机），而有些相当低（如键盘）；同时，即使是高速的 I/O 外设，其速度与 CPU 的工作速度也相差很大，因此，它们之间的数据传送必须通过接口中的数据缓冲器来进行。这样，CPU 何时才能从接口的输入缓冲器中读取正确数据以及何时往接口的输出缓冲器写入数据，才不至于丢失数据，就成为一个复杂的定时问题。CPU 与 I/O 设备之间的数据传送一般有程序方式、中断方式、DMA 方式 3 种。

1．程序方式

程序方式是指在程序控制下进行的数据传送，又分为无条件传送方式和条件传送方式。

（1）无条件传送方式

如果程序员能够确信一个外设已经准备就绪，那就不必查询外设的状态而进行信息传送，这种 CPU 与外设之间在任何时候都可进行数据传送的方式称为无条件传送方式。这种方式用得很少，一般只用在对一些简单外设进行操作的场合，如开关、七段数码管等。

简单外设作为输入设备时，输入数据保持时间相对于 CPU 的处理时间要长得多，所以可直接使用三态缓冲器与数据总线相连，如图 6-3 所示。当 CPU 执行输入指令时，读信号 $\overline{IOR}$、

片选信号 $\overline{CS}$ 有效，因而三态缓冲器被选通，使其早已准备好的输入数据进入数据总线，再到达 CPU。可见要求 CPU 在执行输入指令时，外设的数据是准备好的，即已经存在于三态缓冲器中，否则出错。

图 6-3　无条件传送方式的工作原理

当简单外设用作输出设备时，一般都需要锁存器，使 CPU 送出的数据在接口电路的输出端保持一段时间，从而使 CPU 能保持与外设动作相适应，如图 6-3 所示。CPU 在执行输出指令时，$\overline{IOW}$ 和片选信号 $\overline{CS}$ 有效，于是，接口中的输出锁存器被选中，CPU 输出的信息经过数据总线进入输出锁存器，输出锁存器保持这个数据，直到外设取走。显然，这里要求 CPU 在执行输出指令时，确信所选中的输出锁存器是空的。

（2）条件传送方式

条件传送也称为程序查询式传送。此时，CPU 通过执行程序不断读取并测试外设的状态，如果外设处于准备好状态（输入设备）或空闲状态（输出设备），则 CPU 执行输入或输出指令与外设交换信息，否则 CPU 处于循环查询状态。为此，接口电路除了有传送数据的端口，还应有传送状态的端口。

一般外设均可以提供一些反映其状态的信号，如对输入设备来说，它能够提供"准备好"（READY）信号，READY=1 表示输入数据已准备好。输出设备则提供"忙"（BUSY）信号，BUSY=1 表示当前时刻不能接收 CPU 发来的数据，只有当 BUSY=0 时，才表明它可以接收来自 CPU 的输出数据。

输入操作的流程如图 6-4 所示。

对 READY 的状态查询是通过读状态端口的相应位来实现的，输出的情况亦大致相同，这种传送控制方式的最大优点是，能够保证输入/输出数据的正确性。

2. 中断方式

图 6-4　输入操作流程

在这种方式下，CPU 和外设并行工作。当输入设备将数据准备好，或者输出设备可以接收数据时，便可以向 CPU 发出中断请求，使 CPU 暂时中断目前的工作，而去执行一个为外部设备服务的中断处理程序；等 I/O 操作完成以后，CPU 又继续进行原来的工作。这种中断 CPU 目前的工作，与外设进行数据传送的 I/O 方式称为中断方式。

使用中断传送方式时，CPU 就不必花费大量时间去查询外设的工作状态，因为当外设准备就绪时，会主动向 CPU 发送中断请求信号，而 CPU 本身具有这样的功能：在每条指令被执行完以后，会检查外部是否有中断请求，如果有中断请求，那么在中断允许标志为 1 的情况下，CPU 保留下一条指令的地址（断点）和当前的标志进入堆栈，转到中断服务程序去执行。当执行完中断服务程序时，由中断返回指令弹出断点和标志，CPU 继续执行原来的程序。从而既满足了 I/O 设备的实时要求，又大大提高了 CPU 的利用率。

在微型计算机系统中，每一种设备提供的中断服务请求都是在自身需要时发出的。所以，为使各个中断请求与微处理机协调同步，系统除了要给每个 I/O 设备分配一个中断请求号并设置一段相应的中断服务程序，还要配置一个专管多个 I/O 设备提出中断请求的硬件电路——中断控制器。因此，这种控制方式的硬件比较复杂。另外，中断方式是一种异步控制机构，中断请求信号的出现完全是随机的，在 CPU 执行的主程序的任意两条指令之间，都有可能发生，因此，中断处理子程序中除包含 I/O 指令用以完成数据传送外，前后分别有保存通用寄存器内容（保护现场）、恢复通用寄存器（恢复现场）的指令。

由此可知，与程序查询方式相比，尽管中断处理方式使 CPU 的效率有很大提高，但也存在不足。如每传送一个字符，都要执行一次中断服务程序，都要启用一次中断控制器，都要完成保留现场和恢复现场的一套辅助操作，而真正实现数据传送的指令可能只有少量几条。尤其当数据以批量方式与 I/O 设备交换时，要频繁地中断主程序，使大量的时间耗费在次要的动作上，从而降低了系统的运行性能。

3. DMA 传送方式

利用中断进行信息传送，可以大大提高 CPU 的利用率，但是其传送过程必须由 CPU 进行监控。每次中断，CPU 都必须进行断点及现场信息的保护和恢复操作，这些都是一些额外的操作，会占用一定的 CPU 时间。如果需要在内存的不同区域之间，或者在内存与外设端口之间进行大量信息快速传送，用查询或中断方式均不能满足速度上的要求，这时应采用直接数据通道传送，即 DMA 数据传送方式。

DMA（Direct Memory Access）意为直接数据传送，它是在内存的不同区域之间，或者在内存与外设端口之间直接进行数据传送，而不经过 CPU 中转的一种数据传送方式，可以大大提高信息的传送速度。DMA 方式传送的主要步骤（见图 6-5 的流程图）如下：

① 外设准备就绪时，向 DMA 控制器发出 DMA 请求，DMA 控制器接到此信号后，向 CPU 发出 DMA 请求；

② CPU 接到 HOLD 请求后，如果条件允许（一个总线操作结束），则发出 HLDA 信号作为响应，同时，放弃对总线的控制；

③ DMA 控制器取得总线控制权后，往地址总线发送地址信号，每传送 1 字节，就会自动修改地址寄存器的内容，以指向下一个要传送的字节；

图 6-5　DMA 的工作流程图

④ 每传送 1 字节，字节计数器的值减 1，当减到 0 时，DMA 过程结束；

⑤ DMA 控制器向 CPU 发出结束信号，将总线控制权交回 CPU。

DMA 传送控制方式解决了在内存的不同区域之间，或者内存与外设之间大量数据的快速传送问题，代价是需要增加专门的硬件控制电路，称为 DMA 控制器，其复杂程度与 CPU 相当。

6.2　中断系统概述

CPU 执行程序时，由于发生了某种随机的事件（外部或内部），引起 CPU 暂时中断正在运行的程序，转去执行一段特殊的服务程序（称为中断服务程序或中断处理程序），以处理该事件，该事件处理完后又返回被中断的程序继续执行，这一过程称为中断。图 6-6 给出了中断流程示意图。

中断的主要作用有：①实现并行处理；②实现实时处理；③实现故障处理。一个完整的中断处理系统必须实现以下功能：中断源识别、中断优先级判断、中断嵌套管理以及 CPU 的中断响应、中断处理和中断返回等。

1．中断源识别

中断源是指引起程序中断的事件。例如，外设：请求输入/输出数据、报告故障等；事件：掉电、硬件故障、软件错误、非法操作、定时时间到等。中断分为外部中断、内部中断。内部中断：CPU 内部执行程序时自身产生的中断。外部中断：CPU 以外的设备、部件产生的中断。8086/8088 的外部中断信号有 INTR、NMI。INTR：可屏蔽中断请求，高电平有效，受 IF 标志的控制。IF=1 时，执行完当前指令后，CPU 对它做出响应。NMI：不可屏蔽中断请求，上升沿有效，任何时候 CPU 都要响应此中断请求信号。中断源识别示意图如图 6-7 所示。

图 6-6　中断流程示意图　　　　　图 6-7　中断源识别示意图

2．中断优先级判断

中断优先级判断的具体方法包括：软件查询、硬件排队和专用中断控制器。

（1）软件查询方式

软件查询的顺序就是中断优先权的顺序，不需要专门的优先权排队电路，可以直接修改软件查询顺序来修改中断优先权，不必更改硬件。软件查询方法的优点是电路简单。缺点是当中断源个数较多时，由逐位检测查询到转入相应的中断服务程序所耗费的时间较长，中断响应速度慢，服务效率低。软件查询接口电路参见图 6-8，软件查询程序流程参见图 6-9。

图 6-8　软件查询接口电路

图 6-9　软件查询程序流程

软件查询程序如下：

```
XOR    AL, AL        ; CF = 0
MOV    DX, 340H
IN     AL, DX        ; 读入中断寄存器状态
RCR    AL, 1
JC     SERV0         ; 若 0#有请求，则转 0#中断服务程序
RCR    AL, 1
JC     SERV1
RCR    AL, 1
JC     SERV2
RCR    AL, 1
JC     SERV3
       ……
```

（2）硬件排队方式

硬件排队电路形式众多，有采用编码器组成的，也有采用链式电路的。硬件链式优先权排队电路又称为菊花环式优先权排队电路，它是利用外设连接在排队电路的物理位置来决定其中断优先权的，排在最前面的优先权最高，排在最后面的优先权最低。中断优先权编码电路参见图 6-10。

图 6-10　中断优先权编码电路

（3）专用中断控制器

Intel 8259A 属于典型的专用中断控制器，将在 6.4 节中进行介绍。

3. 中断嵌套管理

中断嵌套管理的流程如图 6-11 所示。

图 6-11　中断嵌套管理

4. 中断处理过程

对于不同的微机系统，CPU 中断处理的具体过程不尽相同，但是一个完整的中断基本过程应包括：中断请求、中断判优、中断响应、中断处理及中断返回五个基本过程，如图 6-12 所示。

图 6-12　中断处理基本过程

6.3　8086 微处理器的中断方式

8086 的中断系统采用向量中断机制，一共可处理 256 个中断，采用中断向量编号 0～255，对 256 个中断加以区别。可屏蔽中断需借助专用的中断控制器 Intel 8259A 对系统中的可屏蔽中断资源进行管理；扩充系统的可屏蔽中断资源，并管理它们；实现中断优先权并实现中断源的识别。

6.3.1　8086 微处理器的中断类型

8086 微处理器的中断类型有硬件中断和软件中断。

1. 硬件中断

硬件中断又称外部中断，它是由处理器外部的硬件、外围设备的请求而引起的中断。8086 微处理器有两条硬件中断请求信号线：NMI（不可屏蔽中断）和 INTR（可屏蔽中断），如图 6-13 所示。

图 6-13　8086 微处理器的中断类型

2. 软件中断（内部中断）

内部中断——内部机制产生。

除法错中断（0 号）——除运算结果溢出时产生。

指令中断（n 号）——执行 int n 指令后产生（操作码 CDH）。

断点中断（3 号）——执行 int 3 指令（单字节指令操作码 CCH）用于在调试中设置断点，程序遇断点则中断。

溢出中断（4 号）——执行 into 指令，且前面运算有溢出（OF=1）时产生。

单步中断（1 号）——TF 标志置 1 后，每执行一条子指令将发生一次。

外部中断——外部引脚触发。

可屏蔽中断（外设提供向量号）——触发 INTR 引脚产生。

不可屏蔽中断（2 号）——触发 NMI 引脚产生。

软件中断的特点如下：

① 软件中断的类型号都是固定的，或是在中断指令中给定的，需要进入 $\overline{\text{INTA}}$ 总线周期

获取类型号；

　　② 不受中断允许标志位 IF 的影响；

　　③ 用一条指令或由某个标志位启动进入中断处理程序，这样的中断没有随机性。

6.3.2　中断向量与中断向量表的获取

　　中断向量：指示中断服务程序的入口地址，该地址包括偏移地址 IP 和段地址 CS（共 32 位）。每个中断向量的低字是偏移地址、高字是段地址，需占用 4 字节（低对低，高对高）。8086 微处理器从物理地址 000H 开始到 3FFH（1KB），依次安排各个中断向量，向量号从 0 到 255。256 个中断向量占用的 1KB 区域称为中断向量表（8086 系统的中断向量表见图 6-14）。中断向量的存放首址=$N\times4$。

图 6-14　8086 系统的中断向量表

　　例 6.1　若中断类型号为 3，则由中断类型号取得中断服务入口地址的过程如图 6-15 所示。

图 6-15　例 6.1 示意图

　　内部中断是由于 8086 内部执行程序出现特殊情况而引起的中断，内部中断都是不可屏蔽型的，内部中断的中断向量号已由 Intel 公司确定。外部中断是由于 8086 外部通过 CPU 引脚提出中断请求而引起的中断，外部通过可屏蔽中断 INTR 请求，由标志位 IF 控制是否响应；响应时将产生有效的 $\overline{INTA}$ 信号。可屏蔽中断主要用于外设中断请求（请求交换数据等服务），标志位 IF 控制可屏蔽中断的响应。IF=0：可屏蔽中断不会被响应（禁止中断，关中断，中断屏蔽）。系统复位，使 IF=0，任何一个中断被响应，使 IF=0，执行指令 CLI，使 IF=0。IF=1：可屏蔽中断会被响应（允许中断，开中断，中断开放），执行指令 STI，使 IF=1，执行指令 IRET 后 IF 将恢复为中断前的状态。

6.3.3　8086 系统的中断响应与处理过程

1. 内部中断和不可屏蔽中断的响应及处理过程

具体过程分为：中断请求与检测；确定中断向量地址；保护各标志位状态和屏蔽 INTR 中断和单步中断；保存断点；执行中断服务程序；中断返回。如图 6-16 所示。

图 6-16　8086 系统中断响应过程的流程

2. 8086/8088 可屏蔽中断的响应过程

中断源通过中断控制器 8259A 向 CPU 发出中断请求信号，CPU 在每一个指令周期的最后一个时钟周期采样 INTR 信号线，当 CPU 响应可屏蔽级的中断请求时，首先通过信号线向 8259A 连续发出两个负脉冲的中断响应信号 $\overline{\text{INTA}}$。CPU 暂停执行当前程序，而转去执行相应的中断处理程序，CPU 执行完中断服务程序，返回断点，继续执行被打断的程序。可屏蔽中断的中断过程如图 6-17 所示。

图 6-17　可屏蔽中断的中断过程

6.4　可编程中断控制器 8259A

Intel 8259A 是可编程中断控制器（PIC），可配合 CPU（I8080/85、I8086/88/286/386 等）管理可屏蔽中断。8259A 的基本功能：①具有 8～64 级的中断优先权管理功能，1 片 8259A 可以管理 8 级中断，经级联最多可扩展至 64 级；②每一级都可以通过编程实现中断屏蔽或开放；③在中断响应周期，8259A 可以自动提供相应的中断类型号；④可以通过编程来选择 8259A 的各种工作方式及任意设定中断类型号。

6.4.1　8259A 的内部结构和引脚

1. 8259A 的外部引脚信号

8259A 芯片有 28 条引脚，双列直插式封装，如图 6-18 所示。

图 6-18 8259A 芯片引脚定义

8259A 引脚上的信号与含义如下：$D_7 \sim D_0$：三态双向数据总线；INT：中断请求信号输出线；$\overline{INTA}$：中断应答信号输入线，低电平有效；$\overline{RD}$：读出信号输入线，低电平有效；$\overline{WR}$：写入信号输入线，低电平有效；$\overline{CS}$：芯片选通信号输入线，低电平有效；A0：地址输入线；IR7~IR0：外设的中断请求输入线；CAS2~CAS0：双向级联信号线；$\overline{SP}/\overline{EN}$：编程/双向使能缓冲信号线。

2. 8259A 的内部结构（见图 6-19）

图 6-19 8259A 的内部结构

（1）数据总线缓冲器

作用：连接系统数据总线和 8259A 内部总线。

（2）读/写控制逻辑

作用：接收 CPU 的读/写命令 $\overline{RD}$、$\overline{WR}$，片选信号 $\overline{CS}$ 和端口选择信号 A0。

（3）级联缓冲/比较器

作用：控制多片 8259A 的级联。

（4）中断请求寄存器 IRR

作用：寄存所有的外部中断请求。

（5）中断服务寄存器 ISR（8 位）

作用：寄存当前所有正在被服务的中断级。

（6）中断屏蔽寄存器 IMR（8 位）

作用：寄存要屏蔽的中断级。

（7）优先权判别电路 PR

作用：确定存放在 IRR 中各个中断请求信号对应中断源的优先级，并对它们进行排队判优。

（8）中断控制逻辑

它是 8259A 内部的控制器，根据 CPU 对 8259A 编程设定的工作方式产生内部控制信号，向 CPU 发出中断请求信号 INT，请求 CPU 响应，同时产生与当前中断请求服务有关的控制信号，并在接收到来自 CPU 的中断响应信号后，将中断类型号送到数据总线。

3. 8259A 的级联方式

8259A 与系统总线相连有两种方式：缓冲方式和非缓冲方式。级联缓冲/比较器用来实现多个 8259A 的级联连接及数据缓冲方式。8259A 可以级联，1 个主片最多可以级联 8 个从片。级联时，主片的级联线 CAS0~CAS2 连至每个从片的 CAS0~CAS2，输出被选中的从片编号，每个从片的中断请求信号 INT，连至主 8259A 的一个中断请求输入端 IRx；主片的 INT 线连至 CPU 的中断请求输入端 INTR。在非缓冲方式下，引脚 $\overline{SP}/\overline{EN}$ 通过接地指定该片充当从片（$\overline{SP}$=0）；反之若接高电平则该片充当主片（$\overline{SP}$=1）（见图 6-20）。

图 6-20　8259A 的级联

6.4.2　8259A 的工作方式

8259A 的工作方式包括确定级联方式、与 CPU 的配合方式、设置优先权方式、结束中断方式、中断屏蔽方式、中断触发方式和数据连接方式，如图 6-21 所示。

图 6-21　8259A 的工作方式

（1）结束中断方式

8259A 利用中断服务寄存器 ISR 判断某位为 1，表示正在进行中断服务；该位为 0，就是该中断结束服务。这里说明如何使 ISR 某位为 0，不反映 CPU 的工作状态。普通中断结束方式用于配合全嵌套优先权方式使用，当 CPU 用输出指令往 8259A 发出普通中断结束 EOI 命令时，8259A 就会把正在服务的中断中优先权最高的 ISR 位复位。特殊中断结束方式：配合循环优先权方式使用，CPU 在程序中向 8259A 发送一条特殊中断结束命令，这个命令中指出了要清除哪个 ISR 位。

（2）数据线连接方式

缓冲方式：8259A 的数据线需加缓冲器予以驱动，8259A 把 $\overline{SP}/\overline{EN}$ 引脚作为输出端，输出允许信号，用以锁存或开启缓冲器。非缓冲方式：$\overline{SP}/\overline{EN}$ 引脚为输入端，若 8259A 级联，由其确定是主片或从片。

（3）设置优先权方式

普通全嵌套方式——8259A 的中断优先权顺序固定不变，从高到低依次为 IR0，IR1，IR2，…，IR7，中断请求后，8259A 对当前请求中断中优先权最高的中断 IRi 予以响应，将其向量号送上数据总线，对应 ISR 的 Di 位置位，直到中断结束（ISR 的 Di 位复位）。在 ISR 的 Di 位置位期间，禁止再发生同级和低级优先权的中断，但允许高级优先权中断的嵌套。

特殊全嵌套方式——允许同级中断嵌套（用于级联主片）。

优先权自动循环方式——最高优先权自动转移到相邻的低优先级中断源。

优先权特殊循环方式——最高优先权转移到由指令指定的中断源。

优先级的控制有 2 种。

① 固定优先级：即是指 8259A 的 8 个中断源中，IR0 优先级最高，IR1 优先级次之，依次降低，IR7 优先级最低，这个顺序固定不变。

② 循环优先级：8259A 将中断源 IR0～IR7 按序号顺序构成一个环，有两种规定方式：自动优先循环级，该方式规定：刚被服务过的中断源，其优先级别被改为最低级，而将最高优先级赋给原来比它低一级的中断源，其他中断源的优先顺序依中断源顺序环确定。例如，CPU 对 IR3 的中断服务刚结束时，IR3 的优先级别变为最低，这时 8259A 的 8 个中断源优先顺序由高到低为 IR4、IR5、IR6、IR7、IR0、IR1、IR2、IR3。指定优先循环级，该方式规定：在 OCW2 中指定的中断源，其优先级别被设为最低级，其他中断源的优先顺序依中断源顺序

环确定。例如，CPU 在对 IR3 的中断服务过程中，通过指令在 OCW2 中指定 IR5 具有最低优先级，则 IR3 中断服务结束时，8259A 的 8 个中断源优先顺序由高到低为 IR6、IR7、IR0、IR1、IR2、IR3、IR4、IR5。

（4）中断屏蔽方式

普通屏蔽方式：将 IMR 的 Di 位置 1，则对应的中断 IRi 被屏蔽，该中断请求不能从 8259A 送到 CPU，如果 IMR 的 Di 位置 0，则允许 IRi 中断产生。

特殊屏蔽方式：将 IMR 的 Di 位置 1，对应的中断 IRi 被屏蔽的同时，使 ISR 的 Di 位置 0。

（5）中断触发方式

边沿触发方式：8259A 将中断请求输入端出现的上升沿作为中断请求信号。

电平触发方式：中断请求端出现的高电平是有效的中断请求信号。

6.4.3　8259A 的编程

因为 8259A 是可编程的中断控制器，所以它的操作是用软件通过命令进行控制的。8259A 的编程命令字有两类：一是初始化命令字（ICW），二是操作命令字（OCW）。相应的 8259A 的控制部分有一些可编程的位，它们分布在 7 个 8 位寄存器中。这些寄存器分成两组，一组用作存 ICW，另一组存 OCW。初始化程序设定 ICW，用来建立起 8259A 操作的初始状态，此后的整个工作过程中该状态保持不变。相反，操作命令字（OCW）用于动态控制中断处理，是在需要改变或控制 8259A 操作时发送的。注意：当发出 ICW 或 OCW 时，CPU 中断申请引脚 INTR 应关闭（使用 CLI 关中断指令）。

（1）8259A 的初始化编程

8259A 开始工作前，用户必须对 8259A 进行初始化编程。通过写入初始化命令字 ICW 对 8259A 进行初始化。8259A 初始化编程的主要任务有：

① 复位 8259A 芯片。

② 设定中断请求信号 INT 有效的形式，是高电平有效，还是上升沿有效。

③ 设定 8259A 工作在单片方式还是多片级联方式。

④ 设定 8259A 管理的中断类型号的基值，即 0 级 IR0 所对应的中断类型号。

⑤ 设定各中断级的优先次序，IR0 最高，IR7 最低。

⑥ 设定一次中断处理结束时的结束方式。

（2）初始化命令字 ICW

初始化命令字 ICW 最多有 4 个，8259A 在开始工作前必须写入，必须按照 ICW1～ICW4 顺序写入，ICW1 和 ICW2 是必须送的，ICW3 和 ICW4 由工作方式决定（8259A 芯片的初始化流程见图 6-22）。

8259A 的中断操作功能很强，包括中断的请求、屏蔽、排队、结束、级联以及提供中断类型号和查询等操作，并且其操作的方式又有不同。它既能实现向量中断，又能进行中断查询，它可以用于 16 位机，也可用于 8 位机。因此，使用起来感到复杂且不好掌握。为此，下面以 8259A 的操作功能为线索，来讨论为实现这些功能的各个命令字的含义，为编程使用 8259A 提供一些思路。

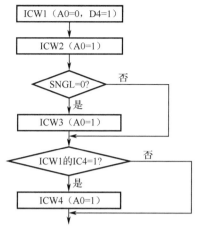

初始化完，准备接收中断请求输入

图 6-22　8259A 芯片的初始化流程

ICW1～ICW4 在初始化程序中设定，且在整个工作过程中保持不变。ICW1～ICW4 必须按顺序设定。ICW1 写入 8259A 偶地址中（A0=0，在 AT 机中为 20H/A0H），ICW2～ICW3 写入 8259A 奇地址中（A0=1，在 AT 机中为 21H/A1H）。

① 初始化命令字 ICW1

ICW1 为芯片控制初始化命令字。写 ICW1 的标记为：A0=0，D4=1。其格式如下：

A0		D7	D6	D5	D4	D3	D2	D1	D0
0		×	×	×	1	LTIM	ADI	SNGL	IC4

ICW1 控制初始化命令字各位的具体含义如下：

D7～D5：这 3 位在 8086/8088 系统中不用，只能用于 8080/8085 系统中。

D4：此位总是设置为 1，表示现在设置的是 ICW1 的标志位。

D3（LTIM）：此位设置中断请求信号的形式。如该位为 1，则表示中断请求为电平触发；如该位为 0，则表示中断请求为边沿触发，且为上升沿触发，并保持高电平。

D2（ADI）：这 1 位在 8086/8088 系统中不用。

D1（SNGL）：这 1 位用来指定系统中用单片 8259A 方式（D1=1），还是用多片 8259A 级联方式（D1=0）

D0（IC4）：这 1 位用来指定后面是否设置 ICW4。若初始化程序中使用 ICW4，则 IC4 必须为 1，否则为 0。

② 初始化命令字 ICW2

ICW2 是设置中断类型码的初始化命令字。写 ICW2 的标记为：A0=1。其格式如下：

A0		D7	D6	D5	D4	D3	D2	D1	D0
1		A15/T7	A14/T6	A13/T5	A12/T4	A11/T3	A10	A9	A8

ICW2 控制初始化命令字各位的具体含义如下：

A15～A8 为中断向量的高 8 位，用于 8080/8085 系统；T7～T3 为中断向量类型码，用于 8088/8086 系统。中断向量类型码的低 3 位是由引入中断请求的引脚 IR0～IR7 决定的。比如，设 ICW2 为 40H，则 8 个中断向量类型码分别为 40H、41H、42H、43H、44H、45H、46H 和 47H。中断向量类型码的值与 ICW2 的低 3 位无关。

③ 初始化命令字 ICW3

ICW3 设置主 8259A 和从 8259A 的连接关系（仅当 ICW1 中的 SGGL=1，系统中有多片 8259 级联时，才设置 ICW3）。

主 8259A 的 ICW3：指出主 8259A 的哪些引脚上连有从 8259A。

例如：

D7	D6	D5	D4	D3	D2	D1	D0	
IR7	IR6	IR5	IR4	IR3	IR2	IR1	IR0	ICW3

ICW3=11110000B，则主 8259A 的 IR7、IR6、IR5、IR4 上均连有从 8259A。

从 8259A 的 ICW3：ID2～ID0 的编码值，指出该从 8259A 的 INT 连至主 8259A 的哪个引脚，如连至 IR5，则 ID2～ID0=101。在多片 8259A 级联的系统中，主 8259A 的 CAS2～CAS0 与所有从 8259A 的 CAS2～CAS0 连在一起，主 8259A 的 CAS2～CAS0 作为输出，从 8259A 的 CAS2～CAS0 作为输入。

D7	D6	D5	D4	D3	D2	D1	D0	
0	0	0	0	0	ID2	ID1	ID0	ICW3

当第一个 INTA 到来时，主 8259A 的 CAS2～CAS0 输出从 8259A 的编码 ID2～ID0。从 8259A 收到该编码后，与其自身的 ID2～ID0（在 ICW3 中）比较，如果相等，则在第二个 INTA 到来时，该片从 8259A 发出中断类型码。

④ 初始化命令字 ICW4

ICW4 叫方式控制初始化命令字。写 ICW4 控制字标记为 A0=1。其格式如下：

A0	D7	D6	D5	D4	D3	D2	D1	D0
1	0	0	0	SFNM	BUF	M/S	AEOI	μPM

ICW4 控制初始化命令字各位的具体含义如下：

D7～D5：这 3 位总为 0，用于表示 ICW4 的识别码。

D4（SFNM）：如为 1 则为特殊的全嵌套工作方式，如为 0 则为非特殊的全嵌套工作方式。

D3（BUF）：如此位置 1 则为缓冲方式。所谓缓冲方式是指在多片 8259A 级联的大系统中，8259A 通过总线驱动器和数据总线相连的一种方式。

D2（M/S）：此位在缓冲方式下用来表示本片是主片还是从片。

D1（AEOI）：如该位为 1，则设置中断自动结束方式，中断结束后自动复位 ISR；如该位为 0，中断结束后要求 CPU 发 EOI 命令复位 ISR。

D0（μPM）：如该位为 1，则表示 8259A 当前处于 8086/8088 系统中；如该位为 0，则表示 8259A 当前处于 8080/8085 系统中。

（3）工作方式编程

在 8259A 工作期间，可以随时向 8259A 写入操作命令字 OCW，使之按用户设置的新的工作方式进行工作，用户还可以通过写操作命令字 OCW 通知 8259A，下面的操作要读取 8259A 中的状态信息，以便了解其工作情况。8259A 工作方式编程主要完成的任务是对中断请求的屏蔽、优先级循环控制、中断结束方式、内部控制寄存器的查询等。

OCW 共有 3 个：OCW1～OCW3，写入时没有顺序要求，需要哪个 OCW 就写入哪个 OCW。

① 操作命令字 OCW1

写的标记为 A0=1。其格式如下：

A0	D7	D6	D5	D4	D3	D2	D1	D0
1	M7	M6	M5	M4	M3	M2	M1	M0

ICW1 控制初始化命令字各位：M7～M0 对应于 IMR 的各位，为 1 表示该位中断被屏蔽，为 0 表示该位允许中断。

② 操作命令字 OCW2

OCW2 的格式如下：

A0	D7	D6	D5	D4	D3	D2	D1	D0
0	R	SL	EOI	0	0	L2	L1	L0

OCW2 命令字中标志位 D3D4=00，写入的端口地址 A0=0。

循环方式设置由 D7 定义，若 R 为 1，表示采用优先级循环方式；若 R 为 0，则为非循环方式。

中断结束命令设置由 D5 定义，若 EOI 为 1，则向 8259A 发出中断结束命令；若 EOI 为 0，则设置/撤销 8259A 的优先级循环方式。

末三位有效性设置由 D6 定义，若 SL 为 1，则末三位 L2～L0 有效；若 SL 为 0，则 L2～L0 无效。当 L2～L0 有效时，指定特殊中断结束命令中需要结束的中断优先级，或指定特殊优先级循环方式中的初始最低优先级。

③ 操作命令字 OCW3

OCW3 的格式如下：

A0	D7	D6	D5	D4	D3	D2	D1	D0
0	0	ESMIM	SMM	0	1	P	RR	RIS

设置和撤销特殊屏蔽方式：

① ESMM=1，SMM=1 为设置。

② ESMM=1，SMM=0 为撤销。

设置中断查询方式：P=1。

8259A 内部寄存器读出命令：

P=0，RR、RIS = 00 和 11，分别对应读出 IRR 的值和读出 ISR 的值。

用读出命令选择 IRR/ISR 后，8259A 将保留该选择，即选择一次后，可反复读取所选寄存器。

6.4.4　8259A 的中断级联

一个系统中，8259A 可以级联，有一个主 8259A，若干个（最多 8 个）从 8259A。级联时，主 8259A 的三条级联线 CAS0～CAS2 作为输出线，连至每个从 8259A 的 CAS0～CAS2。

每个从 8259A 的中断请求信号 INT，连至主 8259A 的一个中断请求输入端 IR。主 8259A 的
INT 线连至 CPU 的中断请求输入端，$\overline{\text{SP}}/\text{EN}$ 在非缓冲方式下，规定该 8259A 是主片（$\overline{\text{SP}}$=1）
还是从片（$\overline{\text{SP}}$=0）。

级联方式：

① 不级联——只用 1 片，如 PC/XT；

② 级联——使用 2～9 片，如 PC/AT（2 片），如图 6-23 所示。

图 6-23　8259A 的级联

6.4.5　8259A 的应用实例

例 6.2　PC/AT 中，8259A 的使用情况为：2 片 8259A 级联，提供 15 级向量中断。从片
的 INT 接主片的 IR2。端口地址：主片 20H、21H，从片 A0H、A1H。主片和从片均采用边沿
触发。采用全嵌套优先级排列方式，采用非缓冲方式，主片 $\overline{\text{SP}}/\overline{\text{EN}}$ 接+5V，从片 $\overline{\text{SP}}/\overline{\text{EN}}$ 接地。
主片的类型码为 08H～0FH，从片的类型码为 70H～77H（见图 6-24）。

图 6-24　PC/AT 中 8259A 连线图

例 6.3　电路如图 6-25 所示，按中断方式采样 ADC0809 转换数据，结果送内存 6000H 段，
取 300 个采样点。

图 6-25　ADC0809 硬件连接图

说明：

（1）ADC0809 的 START 端为 A/D 转换启动信号，ALE 为通道选择地址的锁存信号，电路中将其相连，以便同时锁存通道地址，开始 A/D 采样转换。其输入控制信号为 $\overline{CS}$ 和 $\overline{IOW}$、故启动 A/D 转换只须以下两条指令：

```
MOV DX, PORTADC;
OUT DX, AL
```

至于 AL 中具体是什么内容并不重要，这是一次虚拟写。

（2）在中断方式下，当 A/D 转换结束后就会自动产生 EOC 信号，此信号接至 8259A 的 IRQ2 从而引起一次硬中断。在中断服务程序中，使用如下指令即可读取 A/D 转换的结果。

```
MOV DX, PORTADC
IN AL, DX
```

（3）PC 系统中 IRQ2 硬中断是留给用户的。编程时首先应将 IRQ2 对应的中断向量（中断号为 0AH）保存起来。然后，设置新的中断向量以指向中断服务程序。另外，还应将中断屏蔽寄存器的相应位开放。典型程序如下：

```
MOV AH, 35H
MOV AL, 0AH              ; 取 0AH 号中断向量送 ES：BX
INT 21H;
PUSH ES                 ; 保存原中断向量
PUSH BX
PUSH DS;
MOV DX, SEG ADINT
MOV DS, DX
MOV DX, OFFSET ADINT    ; 设置新的中断向量
MOV AH, 25H
MOV AL, 0AH
INT 21H;
POP DS
IN AL, 21H
PUSH AX,                ; 保存中断屏蔽寄存器内容
AND AL, 0FBH            ; 允许 IRQ2 中断
OUT 21H, AL
```

习题六

6.1   CPU 与 I/O 外设之间的数据传送控制方式有哪几种？何谓程序控制方式？它有哪两种基本方式？请分别用流程图的形式描述出来。

6.2   用查询式将 DATA 开始的存储区的 100 字节数据在 FCH 端口输出，完成程序，状态端口地址为：FFH。

6.3   什么是接口？什么是端口？在 8086/8088 系统中，CPU 是如何实现端口寻址的？

6.4   8086 中断分哪两类？8086 可处理多少种中断？

6.5   8086 可屏蔽中断请求输入线是什么？"可屏蔽"的含义是什么？

6.6   8086 的中断向量表如何组成？其作用是什么？

6.7   8086 如何响应一个可屏蔽中断请求？简述响应过程。

第 7 章　可编程并行接口芯片 8255A

📖 **本章要点**

◆ 了解 8255A 芯片的内部结构和引脚功能
◆ 掌握 8255A 芯片的工作方式和控制字
◆ 掌握 8255A 芯片的编程技术

7.1　并行接口和串行接口概述

CPU 与外设之间的信息交换称为通信，基本的通信方式有两种，即并行通信和串行通信。所谓并行通信就是以计算机的字长作为计算机与外设之间传输信息的基本单位，通常为 8 位、16 位或 32 位，一次传送一个字长的数据。所谓串行通信是指数据在 CPU 和外设之间一位一位地按顺序传送，每一位占据一个规定长度的时间间隔，只要一对传输线就可以实现数据在 CPU 和外设之间的双向通信。

并行通信时，数据各位同时传送，所以这种方式传输数据速度快，但由于每位数据占用一条数据线，还要加上相应的控制信号线，因此随着传输距离的增大，通信线的成本将随之大幅度增加，同时传输的可靠性随着传输距离的增大而下降，因此并行通信适合近距离、大量和快速传输数据的场合。相对于并行通信，串行通信传输数据的速度较慢，但传输线的成本大幅度降低，并且可以利用电话线传输信息，因此串行通信特别适合远距离传输数据。

由第 6 章可知，I/O 接口是 CPU 与外部设备之间实现通信的桥梁，在不同的场合需要使用不同的接口，将实现并行通信的接口称为并行接口，将实现串行通信的接口称为串行接口。由于 CPU 本身是以并行方式接收和发送数据的，因此，CPU 通过并行接口与外部设备相连接通常不需要再附加外部串/并转换电路，所以并行接口使用起来较为方便，已发展成为计算机系统中最常用的接口之一。一个并行接口可设计作为输入或输出接口，也可设计作为既输入又输出的接口，即双向输入/输出接口。CPU 通过串行接口与外部设备相连接，当数据以串行方式输入 CPU 时，串行接口需要先将输入的串行数据转换为并行数据输入 CPU；当数据以串行方式从 CPU 输出时，串行接口需要先将 CPU 输出的并行数据转换为串行数据，因此串行接口的标准化问题比并行接口更为重要和突出。

I/O 接口是实现 CPU 与外设之间通信必不可少的组成部分，随着计算机应用领域的扩大，如何更有效和更好地进行 I/O 接口电路的设计就显得非常重要。为了有效地减小接口电路的面积，降低成本与设计的复杂度，在设计接口电路时一般采用现成的接口芯片，而不使用过多的门电路或其他基本电子元器件。从广义上讲，一个接口芯片必须具备下述功能中的全部或一部分。

（1）寻址功能：接口芯片应能判断目前是否被访问，并能确定被访问的是内部的哪一个端口（寄存器）。

（2）联络功能：如果需要，接口芯片应能完成 CPU 与外设之间的通信任务，如中断方式下的中断请求/应答、串行通信方式下的三总线挂钩过程。

（3）输入/输出功能：接口芯片应能确定是 CPU 输出的数据和控制信息，还是外设输入的数据和状态信息。

（4）数据转换功能：接口芯片应能完成 CPU 和外设之间不同数据格式的转换，如并/串、串/并、D/A、A/D 等。

（5）错误检测功能：接口芯片能检测数据传输时可能出现的错误。

（6）复位功能：接口芯片能重新接收复位信号，以重新启动接口本身及所连接的外设。

（7）可编程功能：可以通过软件改变其内部的控制字，从而使用户可以改变接口的不同工作方式。

一个简单的并行接口可由锁存器和（或）三态门组成。由于单纯的三态门没有锁存功能，不能保持数据，只能用作总线缓冲器/驱动器；而单纯的锁存器不能起到隔离总线的作用，一般只能用作输出接口而不能用作输入接口，只有带三态门的锁存器能够实现总线的隔离，因此既可用作输入接口，又可用作输出接口。常用来构成简单并行接口的芯片主要有 8 位三态输出缓冲器/驱动器 74LS244/240、8 位三态双向缓冲器/驱动器 74LS245、8 位三态双向锁存器 74LS373/573 等。

图 7-1 是并行接口通信的原理图，从图中可以看出，接口的左边通过各种总线与 CPU 相连，接口的右边有两个数据传输通道，一个与输入设备相连，另一个与输出设备相连，各自都有独立的信号交换联络控制线。在并行接口内部有各类寄存器，其中控制寄存器用来寄存 CPU 的各种控制命令，状态寄存器用来提供外设的不同工作状态供 CPU 查询，输出缓冲寄存器和输入缓冲寄存器分别用来暂存输出和输入数据。当数据从外设输入 CPU 时，首先外设把数据传送到数据输入线上，通过"数据输入准备好"状态线通知接口取数。接口在把数据锁存到输入缓冲寄存器的同时，把"数据输入应答"信号置"1"，用来向外设表明接口的数据输入缓冲器已满，禁止外设继续向接口传输数据，同时把内部状态寄存器中的"输入准备好"状态位置"1"，通知 CPU 读取输入缓冲寄存器中的数据。在 CPU 完成读取接口中的数据后，将"输入准备好"状态位和"数据输入应答"信号清除，以便外设输入下一个数据。在数据

图 7-1　并行接口通信原理图

输出过程中，当输出缓冲寄存器空时，接口中的"输出准备好"状态位置"1"，在接收到 CPU 的数据后，"输出准备好"状态位复位，禁止 CPU 继续输出数据，数据通过数据输出线传送到外设，同时由"数据输出准备好"状态线通知外设取数据。当外设接收到一个数据后，回送一个"数据输出应答"信号，通知接口准备下一次输出数据，接口在撤销"数据输出准备好"信号的同时再一次将"输出准备好"状态位置"1"，以便 CPU 输出下一个数据。

7.2　8255A 的结构和工作原理

8255A 是 Intel 公司采用 CHMOS 工艺生产的一种高性能通用可编程输入/输出并行接口芯片，使用方便，可以与 Intel 系列微处理器系统直接相连，使用非常广泛。8255A 是 40 引脚双列直插式芯片，片内有 A、B、C 三个 8 位端口，可通过编程设置多种工作方式。

7.2.1　8255A 的内部结构

8255A 芯片的内部结构如图 7-2 所示，它由数据端口 A、B、C，A 组和 B 组控制逻辑，数据总线缓冲器和读/写控制逻辑 4 部分组成。

图 7-2　8255A 芯片的内部结构

（1）数据端口

8255A 芯片内部包含有 3 个 8 位输入/输出数据端口 A、B、C。端口 A 包含一个 8 位数据输出锁存/缓冲寄存器和一个 8 位数据输入锁存器；端口 B 包含一个 8 位数据输入/输出锁存/缓冲寄存器和一个 8 位数据输入缓冲寄存器；端口 C 包含一个输出锁存/缓冲寄存器和一个输入缓冲寄存器，没有锁存功能，必要时它又可分为两个 4 位输入/输出端口（$PC_7 \sim PC_4$ 和 $PC_3 \sim PC_0$）。当数据传输不需要联络信号时，三个端口均可用作输入或输出端口。当端口 A、B 工作需要联络信号时，端口 C 可作为输入端口 A 和端口 B 的状态信息或作为输出端口 A 和端口 B 的控制信息的传输端口使用。

（2）端口控制逻辑

端口控制逻辑分为 A 组和 B 组，A 组控制逻辑管理端口 A 与端口 C 的高 4 位（$PC_7 \sim PC_4$）；B 组控制逻辑管理端口 B 与端口 C 的低 4 位（$PC_0 \sim PC_3$）。端口控制逻辑内部有一个控制字寄存器，可以根据 CPU 送来的编程命令控制 8255A 芯片的工作方式，或者根据 CPU 发出的控制命令字，对端口 C 的任何一位进行置位或复位操作。

（3）数据总线缓冲器

数据总线缓冲器是一个三态双向 8 位数据缓冲器，是 8255A 芯片与 CPU 之间的数据接口，用来传输 CPU 输入/输出的数据、CPU 输出的控制字（编程命令）及外设的状态信息。

（4）读/写控制逻辑

读/写控制逻辑与 CPU 的地址总线及有关的控制信号相连，接收 CPU 的控制命令，并根据它们向片内各功能部件发出操作命令。可接收的控制信号如下。

① $\overline{CS}$：片选信号，低电平有效，由 CPU 输入，$\overline{CS}$ 有效，表示该 8255A 芯片被选中。

② $\overline{RD}$、$\overline{WR}$：读、写控制信号，低电平有效，由 CPU 输入。$\overline{RD}$ 有效，表示 CPU 读取由 8255A 芯片向 CPU 传送数据或状态信息；$\overline{WR}$ 有效，表示 CPU 将控制字或数据写入 8255A 芯片。

③ RESET：复位信号，高电平有效。RESET 有效时，清除 8255A 芯片中所有控制字寄存器内容，并将各端口置成输入方式。

④ 端口选择信号 A_1、A_0：通过 A_1 和 A_0 的组合来选择端口。

- 当 $A_1 A_0 = 00$，选择端口 A；
- 当 $A_1 A_0 = 01$，选择端口 B；
- 当 $A_1 A_0 = 10$，选择端口 C；
- 当 $A_1 A_0 = 11$，选择控制字寄存器。

端口地址 $A_1 A_0$ 和相应的控制信号组合起来可实现对各端口的不同操作，具体如表 7-1 所示。

表 7-1　8255A 芯片的 A_0、A_1 信号与内部端口的对应关系

A_1	A_0	$\overline{RD}$	$\overline{WR}$	$\overline{CS}$	操　作
0	0	0	1	0	端口 A→数据总线
0	1	0	1	0	端口 B→数据总线
1	0	0	1	0	端口 C→数据总线
0	0	1	0	0	数据总线→端口 A
0	1	1	0	0	数据总线→端口 B
1	0	1	0	0	数据总线→端口 C
1	1	1	0	0	数据总线→控制字寄存器
×	×	×	×	1	数据总线三态
1	1	0	1	0	非法状态
×	×	1	1	0	数据总线三态

7.2.2　8255A 的引脚

8255A 芯片的引脚如图 7-3 所示，一组引脚信号面向 CPU，另一组面向外设。

（1）面向 CPU 的引脚信号及功能

$D_7 \sim D_0$：8 位，双向，三态数据线，用来与系统数据总线相连。

RESET：复位信号，高电平有效，输入，用来对 8255A 芯片内部的寄存器复位，置端 A、B、C 为输入方式。

$\overline{CS}$：片选信号，由 CPU 输入。通常由端口的高位地址码（$A_{15} \sim A_2$）经译码得到。$\overline{CS}$ 有效，表示该 8255A 芯片被选中。

$\overline{RD}$：读控制信号，输入，低电平有效。$\overline{RD}$ 有效，表示 CPU 读取由 8255A 芯片向 CPU 传送数据或状态信息。

$\overline{WR}$：写控制信号，输入，低电平有效。$\overline{WR}$ 有效，表示 CPU 向 8255A 芯片写入控制字和数据。

$A_1 A_0$：内部端口地址选择信号，输入。8255A 芯片内部共有 4 个端口（A、B、C 和控制端口），由端口地址 $A_1 A_0$ 信号和相应的控制信号的组合来决定 CPU 对各端口的操作方式。

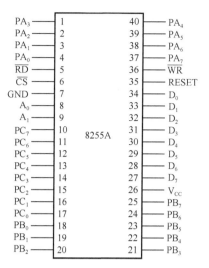

图 7-3　8255A 芯片引脚

（2）面向外设的引脚信号及功能

$PA_0 \sim PA_7$：A 组数据信号，用来连接外设。

$PB_0 \sim PB_7$：B 组数据信号，用来连接外设。

$PC_0 \sim PC_7$：C 组数据信号，用来连接外设。

7.2.3　8255A 的控制字

8255A 属于可编程芯片，在可编程芯片开始工作前，向 8255A 芯片的控制字端口写入一系列命令，称为芯片的初始化。8255A 芯片内有两类控制字，一类控制字用于定义数据输入/输出端口的工作方式，称为方式选择控制字；另一类控制字用于对端口 C 任意一位进行置位或复位操作，称为置位/复位控制字。由于这两类控制字公用同一个端口地址，在初始化时为了区分这两类控制字，采用标志位的方法。即当方式控制字的 $D_7 = 1$ 时，表示 CPU 向控制字端口写入的是方式控制字；当 $D_7 = 0$ 时，表示 CPU 写入的是置位/复位控制字。在 8255A 芯片中，各输入/输出端口共有 3 种基本工作方式：方式 0——基本输入/输出方式；方式 1——选通输入/输出方式；方式 2——双向总线输入/输出方式。

1．方式选择控制字

由于 A、B、C 三个端口的结构有所不同，每个端口所能选择的工作方式规定如下。

端口 A：三种工作方式均可以。

端口 B：可工作在方式 0 和方式 1，不能工作在方式 2。

端口 C：常用作两个 4 位端口，若它工作在方式 0，其高 4 位的工作方式与端口 A 一致，其低 4 位的工作方式与端口 B 一致。除了用作输入/输出端口，还可用来配合端口 A、端口 B 工作，为这两个端口的输入/输出操作提供联络控制信号。

当系统被复位时，即 8255A 芯片的 RESET 端被置为高电平时，所有数据端口都置为输入方式。当复位信号撤除后，芯片保持被复位时预置的输入方式，如果希望芯片继续以这种方式工作，则不需要再进行初始化，否则需要向控制字端口写入方式选择控制字，方式选择控制字的格式如图7-4所示。

图7-4　方式选择控制字格式

其中，最高位D_7为标志位，在方式选择控制字中，D_7必须为1；D_6D_5位用于选择端口A的工作方式；D_2位用于选择端口B的工作方式；其余4位分别用于选择端口A、端口B、端口C的高4位和低4位的输入/输出功能，相应位置"1"时表示输入，置"0"时表示输出。

例7.1 现指定端口A以方式0输出，端口B以方式1输入，端口C高4位输入，低4位输出，根据方式选择控制字的格式，可以写出相应的方式选择控制字为10001110B，8255A芯片的初始化程序段如下（假设控制字端口地址为303H）：

```
MOV   DX, 303H              ;8255A 控制字端口
MOV   AL, 10001110B         ;控制字的内容
OUT   DX, AL                ;写入控制字端口
```

2. 置位/复位控制字

置位/复位控制字只对端口C有效，CPU通过向8255A芯片的控制字端口写入置位/复位控制字，可以置位或复位端口C中的任意一位，可使其为高电平或为低电平，而其他位不变。置位/复位控制字的格式如图7-5所示。

图7-5　置位/复位控制字格式

D_7 位作为置位/复位的标志位必须为 0；$D_6D_5D_4$ 任选；$D_3D_2D_1$ 用于选定端口 C 中的任意一位；D_0 用于对指定位进行置位或复位，当 $D_0=1$ 时，将选定的位置位为 1；当 $D_0=0$ 时，将选定的位复位为 0。

例 7.2　设 8255A 端口地址为 60H～63H，要求先将 PC_4 置为高电平，再复位，相应的初始化程序如下：

```
MOV    AL, 00001001B              ; 控制字
OUT    63H, AL                    ; 置 PC4 为高电平
MOV    AL, 00001000B              ; 复位控制字
OUT    63H, AL                    ; 置 PC4 为低电平
```

7.2.4　8255A 的工作方式

8255A 芯片有三种工作方式：基本输入/输出方式，单向选通输入/输出方式和双向选通输入/输出方式。

1．工作方式 0

方式 0 是一种基本输入/输出方式，当 8255A 芯片工作在方式 0 时，不需要设置专门的联络信号，只能用于简单的、无条件的数据或查询式 I/O 传输场合。端口 A、端口 B、端口 C 都可以工作在方式 0。端口 A 和端口 B 工作在方式 0 时，只能设置成 8 位数据格式进行输入/输出；端口 C 工作在方式 0 时，可以将高 4 位或低 4 位分别设置为数据输入或数据输出方式。当 8255A 芯片以工作方式 0 输入时，外设先将数据送到 8255A 芯片的某个端口，CPU 执行一条输入命令，将端口上的数据输入 CPU；当以工作方式 0 输出时，CPU 执行一条输出指令，将数据送入 8255A 芯片的某个端口，然后由外设取走。

由于 8255A 芯片的 3 个 8 位端口（其中端口 C 可看作两个 4 位端口）完全独立，因此端口的输入/输出可以有 16 种不同的组合。如表 7-2 所示，CPU 与 3 个端口之间可直接由 CPU 执行 IN 和 OUT 指令来完成数据的交换。如果使各端口都工作在方式 0，则方式选择控制字的具体格式，如图 7-6 所示。

表 7-2　方式 0 的工作状态组合

序　号	控 制 字 $D_7{\cdots}D_0$	A 组		B 组	
		端口 A	端口 C 高 4 位	端口 B	端口 C 低 4 位
1	10000000	输出	输出	输出	输出
2	10000001	输出	输出	输出	输入
3	10000010	输出	输出	输入	输出
4	10000011	输出	输出	输入	输入
5	10001000	输出	输入	输出	输出
6	10001001	输出	输入	输出	输入
7	10001010	输出	输入	输入	输出
8	10001011	输出	输入	输入	输入
9	10010000	输入	输出	输出	输出

续表

序　号	控制字 $D_7{\cdots}D_0$	A组		B组	
		端口A	端口C高4位	端口B	端口C低4位
10	10010001	输入	输出	输出	输入
11	10010010	输入	输出	输入	输出
12	10010011	输入	输出	输入	输入
13	10011000	输入	输入	输出	输出
14	10011001	输入	输入	输出	输入
15	10011010	输入	输入	输入	输出
16	10011011	输入	输入	输入	输入

图 7-6　工作方式 0 选择控制字格式

例 7.3　设 8255A 控制字寄存器的端口地址为 63H，如果要求端口 A 和端口 B 工作于 0，端口 A、端口 B 和端口 C 的上半部分（高 4 位）作输入，端口 C 的下半部分（低 4 位）作输出，相应的初始化程序如下：

```
MOV    AL，10011010B
OUT    63H，AL
```

2. 工作方式 1

方式 1 是一种单向选通输入/输出方式，在这种工作方式下，端口 A 和端口 B 仍作为两个独立的 I/O 数据通道与外设连接，端口 A 和端口 B 的输入/输出操作只有在端口 C 提供相应的联络控制信号时才能完成，并且相应的联络控制信号在端口 C 中的位置是固定不变的，除非端口 A 和端口 B 的工作方式发生变化。如果端口 A 和端口 B 都工作在方式 1，端口 C 中有 6 个固定位作为端口 A 和端口 B 工作时的联络控制信号，则剩下的两位可用程序指定为输入或输出。如果端口 A 和端口 B 中的一个工作在方式 1，另一个工作在方式 0，端口 C 中只有 3 个固定位作为端口 A 或端口 B 工作时的联络控制信号，剩下的 5 位可由程序指定为输入或输出。方式 1 下的数据输入/输出均具有锁存能力。由于 8255A 工作在方式 1 时，端口 A、端口 B 是两个独立的端口，具体可分为以下几种组合情况。

（1）端口 A、端口 B 都采用工作方式 1 进行输入操作，它们的端口状态、联络控制信号和控制字如图 7-7 所示。图中，当端口 A、端口 B 工作在方式 1 输入时，端口 C 的 PC_3、PC_4 和 PC_5 用作端口 A 的联络控制信号；端口 C 的 PC_0、PC_1 和 PC_2 用作端口 B 的联络控制信号；端口 C 剩下的 2 位 PC_6 和 PC_7 仍可用作输入和输出，由方式选择控制字中的 D_3 位来定义 PC_6 和 PC_7 的数据传输方向。当 $D_3=1$ 时，PC_6 和 PC_7 为输入；当 $D_3=0$ 时，PC_6 和 PC_7 为输出。

图 7-7　单向选通输入方式下的 8255A

此时需要使用的联络控制信号如下：

① $\overline{STB}$——选通信号，低电平有效，由外设输入。当 $\overline{STB}$ 有效时，将外设通过端口数据线 $PA_0 \sim PA_7$（对于端口 A）或 $PB_0 \sim PB_7$（对于端口 B）送来的数据送到所选端口的输入缓冲器中，并保持到微处理器用输入指令（IN）取走为止。端口 A 的选通信号 $\overline{STB_A}$ 由端口 C 的 PC_4 接收外设的输入，端口 B 的选通信号 $\overline{STB_B}$ 由 C 端口的 PC_2 接收外设的输入。

② IBF——输入缓冲器满信号，高电平有效。由 8255A 芯片向外设输出，表示输入锁存器当前有数据，CPU 可以读取数据。IBF 有效时，表示由输入设备输入的数据已被锁存到该端口的输入锁存器，是对 $\overline{STB}$ 信号的应答信号。待 CPU 执行 IN 指令时，$\overline{RD}$ 有效，将输入数据读入 CPU，在其后沿（上升沿）重新将 IBF 置"0"，表示输入缓冲器已空，外部设备可继续输入后续数据。PC_5 引脚作为端口 A 的输入缓冲器满信号 IBF_A，PC_1 引脚作为端口 B 的输入缓冲器满信号 IBF_B。

③ INTE——中断允许信号，用于控制 8255A 芯片能否向 CPU 发出中断请求。INTE 信号没有外部引脚，既不能输入也不能输出信号。在 A 组和 B 组的控制电路中，分别设有 $INTE_A$ 和 $INTE_B$ 两个中断请求触发器，其中 $INTE_A$ 由置位/复位控制字中的 PC_4 位控制，$INTE_B$ 由置位/复位控制字中的 PC_2 位控制。当对 PC_4 置"1"时，表示端口 A 处于中断允许状态；当对 PC_4 置"0"时，表示端口 A 处于中断屏蔽状态。与此类似，对 PC_2 置"1"，可使端口 B 处于中断允许状态；对 PC_2 置"0"，可使端口 B 处于中断屏蔽状态。

④ INTR——中断请求信号，高电平有效，由 8255A 芯片向 CPU 输出。INTR 在 $\overline{STB}$、IBF 和 INTE 均为高时被置为高电平，也就是说，当选通信号结束且已将一个数据送进输入缓冲器中，输入缓冲器满信号 IBF 变为高电平时，在中断请求允许的情况下，8255A 芯片向 CPU

发出中断请求信号 INTR，即 INTR 引脚变为逻辑"1"。CPU 响应中断后，数据被 CPU 取走后 INTR 重新变为逻辑"0"。端口 A 中的中断请求信号 $INTR_A$ 由 PC_3 引脚输出，端口 B 中的中断请求信号 $INTR_B$ 由 PC_0 引脚输出。

从图 7-7 可以看出，当端口 A 和端口 B 同时被定义为工作方式 1 完成输入操作时，端口 C 的 $PC_5 \sim PC_0$ 被用作联络控制信号，只有 PC_7 和 PC_6 可完成数据输入或输出操作，因此可构成两种组合状态：端口 A、端口 B 输入且 PC_7、PC_6 同时输入；端口 A、端口 B 输入且 PC_7、PC_6 同时输出。

方式 1 的选通输入操作的时序图如图 7-8 所示，这一操作过程可以分成以下几步：a）当外设把一个数据送到 8255A 芯片的数据端口 A 或端口 B 的数据线上时，就向 8255A 芯片发出负脉冲选通信号 $\overline{STB}$，输入的数据被锁存到输入锁存器。b）选通 $\overline{STB}$ 信号发出后，经过一段时间，向外设发出输出缓冲器满信号 IBF，作为对 $\overline{STB}$ 的应答信号，向外设表明当前输入缓冲器已满，不要再输入新的数据。c）在 INTE、$\overline{STB}$ 和 IBF 同为高电平的情况下，8255A 芯片通过将 INTR 置为高电平向 CPU 发出的中断请求信号有效，CPU 响应中断，将输入寄存器中的数据读走。d）然后置 INTR、IBF 为低电平，表示输入缓冲器空，一次读数过程结束，又可以输入一个新的数据。

图 7-8　方式 1 选通输入操作时序图

（2）端口 A 和端口 B 都采用工作方式 1 进行输出操作，此时的端口状态、联络控制信号和控制字如图 7-9 所示。图中，当端口 A 和端口 B 工作在方式 1 输出时，端口 C 的 PC_7、PC_6 和 PC_3 用作端口 A 的联络控制信号，端口 C 的 PC_2、PC_1 和 PC_0 用作端口 B 的联络控制信号，端口 C 剩下的 2 位 PC_4 和 PC_5 仍可用作输入或输出，由方式选择控制字中的 D_3 位来定义 PC_4 和 PC_5 的数据传输方向。

此时需要使用的联络控制信号如下：

① $\overline{OBF}$ ——输出缓冲器满信号，低电平有效，向外设输出。$\overline{OBF}$ 变为低电平表示 CPU 已将数据写入 8255A 芯片的输出端口，已被输出锁存器锁存，并且出现在端口的数据线上，通知外设取走数据。当数据被外设取走后，来自外设的应答信号 $\overline{ACK}$ 将 $\overline{OBF}$ 恢复为高电平，表明 CPU 又可输出新的数据。对于 A 组，规定 PC_7 用作从端口 A 输出的 $\overline{OBF_A}$ 信号；对于 B 组，规定 PC_1 用作从端口 B 输出的 $\overline{OBF_B}$ 信号。

图 7-9　选通输出方式下的 8255A

②　$\overline{\text{ACK}}$——外设应答信号，低电平有效，由外设输入，表明外设已接收了 8255 端口的数据，同时使 $\overline{\text{OBF}}$ 引脚电平变为逻辑"1"，实际上是对 $\overline{\text{OBF}}$ 信号的应答信号。对于 A 组，指定 PC_6 用来接收向端口 A 输入的 $\overline{\text{ACK}_A}$ 信号；对于 B 组，指定 PC_2 用来接收向端口 B 输入的 $\overline{\text{ACK}_B}$ 信号。

③　INTE——中断允许信号，它既不是输入也不是输出，端口 A 的控制位 $INTE_A$ 与 PC_6 相对应，B 端口的控制位 $INTE_B$ 与 PC_2 相对应。与端口 A、端口 B 工作在方式 1 输入情况时 INTE 的含义一样，INTE 为 1 时，使端口处于中断允许状态；INTE 为 0 时，使端口处于中断屏蔽状态。当 PC_6 置"1"时，端口 A 的 $INTE_A$ 为 1；当 PC_6 置"0"时，端口 A 的 $INTE_A$ 为 0。与此类似，PC_2 置"1"，端口 B 的 $INTE_B$ 为 1；PC_2 置"0"，端口 B 的 $INTE_B$ 为 0。

④　INTR——中断请求信号，高电平有效。当外设已接收到 CPU 输出的数据后，该信号变为高电平，用于向 CPU 提出中断请求，要求 CPU 再输出一个数据给外设。只有当 $\overline{\text{ACK}}$、$\overline{\text{OBF}}$ 和 INTE 同为高电平时，才能使 INTR 为高电平，写信号 $\overline{\text{WR}}$ 有效时，将 INTR 置为低电平。端口 C 的 PC_3 引脚用作端口 A 的中端请求信号 $INTR_A$，PC_0 引脚用作端口 B 的中端请求信号 $INTR_B$。

方式 1 的选通输出操作的时序图如图 7-10 所示，这一操作过程又可分成以下几步：a）当 8255A 芯片的输出缓冲器空，且中断是允许的条件下，通过将 INTR 置为高电平向 CPU 发出中断请求，CPU 响应中断后，将数据写入输出缓冲器中，然后消除中断请求信号 INTR。b）经过一段时间，使输出缓冲器满信号 $\overline{\text{OBF}}$ 有效，通知外设从输出缓冲器取出数据。c）外设接收到这个信号，向 8255A 芯片发出应答信号 $\overline{\text{ACK}}$，然后 $\overline{\text{OBF}}$ 变为高电平，$\overline{\text{OBF}}$ 失效，表明输出缓冲器已空。d）当 $\overline{\text{ACK}}$、$\overline{\text{OBF}}$ 和 INTE 同为高电平后，使 INTR 置为高电平，向

CPU 发出中断请求，请求 CPU 发送新的数据，输出一个新的数据。

图 7-10　方式 1 选通输出操作时序图

由图 7-9 可知，当端口 A 和端口 B 同时被定义为工作方式 1 完成输出操作时，端口 C 的 $PC_{6,7}$ 和 $PC_3 \sim PC_0$ 被用作联络控制信号，只有 $PC_{4,5}$ 两位可完成数据输入或输出操作。因此可构成两种组合状态：端口 A、B 输出，$PC_{4,5}$ 同时输入；端口 A、B 输出，$PC_{4,5}$ 同时输出。

采用工作方式 1 时，还可以将端口 A 定义为方式 1 输入端口，而将端口 B 定义为方式 1 输出端口等组合方式。

3. 工作方式 2

方式 2 又称为双向选通输入/输出方式，即同一端口的 I/O 线既可以输入数据也可以输出数据，输入和输出的数据都能被锁存，但是输入和输出过程不能同时进行。在 8255A 芯片的三个数据端口中，只有端口 A 可以工作在方式 2，并且需要端口 C 的 5 位作为联络控制信号。此时，端口 C 中剩下的 3 位可以作为端口 B 工作在方式 1 时的联络控制信号，也可以和端口 B 一起工作在方式 0，作为基本的数据输入/输出线。

当端口 A 工作在方式 2 时，8255A 芯片的方式选择控制字如图 7-11 所示，相应的端口状态如图 7-12 所示。由图 7-12 可知，端口 A 工作于方式 2 时所需要的 5 个控制信号分别由端口 C 的 $PC_7 \sim PC_3$ 提供。如果端口 B 工作于方式 0，那么 $PC_2 \sim PC_0$ 可用作数据输入/输出；如果端口 B 工作于方式 1，那么 $PC_2 \sim PC_0$ 用作端口 B 的控制信号。

图 7-11　端口 A 方式 2 选择控制字

图 7-12　端口 A 工作在方式 2 的端口状态

各联络控制信号的意义与方式 1 类似，其中 $\overline{OBF}$ 和 $\overline{ACK}$ 为输出操作时的联络控制信号，$\overline{STB}$ 和 IBF 为输入操作时的联络控制信号，而 INTR 在输入或输出时均用作联络控制信号。

① $\overline{OBF_A}$——输出缓冲器满信号，低电平有效，向外设输出。当它有效时，表示输出缓冲器内有数据，通知外设取走数据，CPU 用 OUT 指令输出数据时，在 $\overline{WR}$ 信号后沿将 $\overline{OBF_A}$ 置为有效。规定 PC_7 用作方式 2 下端口 A 输出的 $\overline{OBF_A}$ 信号。

② $\overline{ACK_A}$——$\overline{OBF_A}$ 的应答信号，低电平有效，由外设输入。当 CPU 将数据写入端口 A 时，$\overline{OBF_A}$ 有效，输出的数据并不会马上出现在端口的数据线 $PA_7 \sim PA_0$ 上，只有当外设向 8255A 发出有效的 $\overline{ACK_A}$ 信号后，才使端口 A 的三态缓冲器开启，输出锁存器中的数据被送到 $PA_7 \sim PA_0$ 上。当 $\overline{ACK_A}$ 信号无效时，端口 A 的输出缓冲器处于高阻态。在 $\overline{ACK_A}$ 信号的后沿将 $\overline{OBF_A}$ 置为无效（高电平），表示端口 A 输出缓冲器已空，数据已被外设取走，CPU 可继续向端口 A 输出后续数据。规定 PC_6 用来接收输入的 $\overline{ACK_A}$ 信号。

③ $\overline{STB_A}$——数据输入选通信号，低电平有效。当它有效时，将外设向 8255A 送来的数据锁存到端口 A 的输入锁存器中，规定 PC_4 用来接收输入的 $\overline{STB_A}$ 信号。

④ IBF_A——输入缓冲器满信号，高电平有效。当它有效时，表示输入缓冲器中有来自外部双向总线上的数据，等待 CPU 取走。它实际上是对 $\overline{STB_A}$ 的回答信号。规定 PC_5 用作输出的 IBF_A 信号。

⑤ $INTR_A$——中断请求信号，输出，高电平有效。当它有效时，可向 CPU 提出中断请求。无论端口 A 是输入操作还是输出操作，都通过它向 CPU 发出中断请求信号。

⑥ $INTE_1$ 和 $INTE_2$——中断允许控制位，既不是输入也不是输出，而是内部的控制位，它们用来对 INTR 实施控制。当 $INTE_1$ 为 1 时，端口 A 的输出处于中断允许状态；当 $INTE_1$ 为 0 时，屏蔽输出的中断请求。CPU 可通过程序对 PC_6 进行设置来决定 $INTE_1$ 的状态，PC_6 为 1，则 $INTE_1$ 为 1；PC_6 为 0，则 $INTE_1$ 为 0。当 $INTE_2$ 为 1 时，端口 A 的输入处于中断允许状态；当 $INTE_2$ 为 0 时，端口 A 的输入处于中断屏蔽状态。CPU 可通过软件对 PC_4 进行设置来决定 $INTE_2$ 的状态，PC_4 为 1，则 $INTE_2$ 为 1；PC_4 为 0，则 $INTE_2$ 为 0。

　　当端口 A 工作在方式 2 时,允许端口 B 工作在方式 0 或方式 1,完成输入/输出功能。8255A 芯片工作在方式 2 时的时序图如图 7-13 所示,为便于理解该时序图,可将方式 2 看成方式 1 的输出和输入的组合。在图中画出了一个数据输出和一个数据输入过程的时序,实际上当端口 A 工作在方式 2 时, 数据输出和数据输入的顺序是任意的, 次数也是任意的。

图 7-13　方式 2 的时序图

　　当 8255A 芯片工作在方式 2 输出时, CPU 响应中断,用输出指令向端口 A 写一个数据,当 $\overline{WR}$ 有效时, 一方面, 使中断请求信号 $INTR_A$ 变为低电平,撤销中断请求；另一方面,使输出缓冲器满信号 $\overline{OBF_A}$ 变为低电平,外设在接收到低电平的 $\overline{OBF_A}$ 信号后,向 8255A 芯片发出应答信号 $\overline{ACK_A}$, 开启输出缓冲器,使输出数据出现在 $PA_0 \sim PA_7$ 上。同时 $\overline{ACK_A}$ 信号还使 $\overline{OBF_A}$ 变为高电平,从而开始下一个数据的传送。

　　当 8255A 芯片工作在方式 2 输入时,外设把数据送往 8255A 芯片的同时发送输入选通信号 $\overline{STB_A}$, 将外部的数据锁存到 8255A 芯片的输入锁存器中, 从而使输入缓冲器满信号 IBF_A 变为高电平,选通信号结束以后,使中断请求信号变高,CPU 响应中断,执行 IN 指令,将数据读入,随后 IBF_A 变为低电平,输入过程结束。

　　以上介绍了 8255A 芯片的三种工作方式,它们分别应用于不同的场合。方式 0 可用于无条件输入/输出的场合；方式 1 提供了联络控制信号,可用于中断请求方式的输入/输出的场合；方式 2 是一种双向工作方式,如果一个外设既是输入设备, 又是输出设备, 并且输入和输出是分时进行的,那么将此设备与 8255A 芯片的端口 A 相连,并使端口 A 工作在方式 2 就非常方便,如磁盘就是一种这样的双向设备,微处理器既能对磁盘读, 又能对磁盘写,并且读和写在时间上是不重合的。

7.3　8255A 芯片的应用举例

　　例 7.4　使用 8255A 芯片作为打印机接口电路。

1. 用方式 0 作为打印机接口

打印机内有一个以 8 位专用 CPU 为核心的打印机控制器,负责打印功能的处理及打印机本身的管理，并通过内部一个标准并行接口与主机进行通信，接收主机发送来的打印数据和控制命令，该接口采用多芯电缆与主机内的打印机接口电路（打印机适配器）相连。多芯电缆上的信号有数据信号、CPU 的命令信号和打印机状态信号等，其主要信号与传送时序图如图 7-14 所示。从图中可以看出，当主机需要打印一个数据时，打印机接收主机传送数据的过程如下：

（1）首先查询 BUSY 信号。若 BUSY=1（忙），则等待；当 BUSY=0（不忙）时，才能送出数据。

（2）将数据送到数据线上，但此时数据并未自动进入打印机。

（3）再送出一个数据选通信号 $\overline{STROBE}$ 给打印机，打印机收到该信号后，把数据锁存到内部缓冲区。

（4）打印机发出"忙"信号，即置 BUSY=1，表明打印机正在处理输入的数据。等到输入的数据处理完毕，打印机撤销"忙"信号，即置 BUSY=0。

（5）打印机向主机送出一个应答信号 $\overline{ACK}$，表示上一个字符已经处理完毕。主机根据 BUSY 信号或 $\overline{ACK}$ 信号决定是否输出下一个数据。

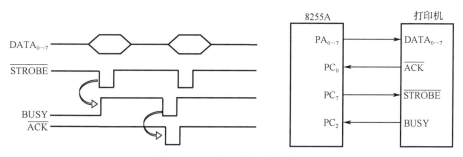

图 7-14　方式 0 的打印机接口

本例中，CPU 与 8255A 芯片采用查询方式输出数据。端口 A 设置为方式 0，输出打印数据，端口 C 的 PC_7 产生负脉冲选通信号，PC_2 连接打印机的 BUSY 信号查询其状态，PC_0 连接打印机的 $\overline{ACK}$ 信号。

假设 8255A 芯片的端口 A、端口 B、端口 C 的 I/O 地址为 FFF8H、FFFAH 和 FFFCH，控制端口地址为 FFFEH。相应的 8255A 芯片初始化程序段和输出打印程序段如下。

```
        MOV DX, 0FFFEH
        MOV AL, 81H         ; 端口 A 方式 0 输出，端口 C 上半部输出，下半部输入
        OUT DX, AL          ; 输出工作方式字
        MOV AL, 0FH         ; 端口 C 的置位/复位控制字，使 PC7 = 1，即置 STROBE = 1
        OUT DX, AL          ; 输出打印数据子程序，打印数据在 AH 中
        PUSH AX
        PUSH DX
PM:     MOV DX, 0FFFCH
        IN AL, DX           ; 查询 PC2
        AND AL, 04H         ; BUSY=0?
        JNZ PM              ; 忙，则等待，PC2=1 表示忙
        MOV DX, 0FFF8H      ; 不忙，则输出数据
        MOV AL, AH
```

```
        OUT DX，AL
        MOV DX，0FFFEH
        MOV AL，0EH              ; 使PC₇=0，即置 STROBE = 0
        OUT DX，AL
        NOP                     ; 适当延时，产生一定宽度的低电平
        NOP
        MOV AL，0FH              ; 使PC₇=1，置 STROBE = 1
        OUT DX，AL
        POP DX
        POP AX
        RET
```

2. 用方式 1 作为打印机接口

8255A 的端口 A 工作于选通输出方式，PC_7 作为 $\overline{OBF_A}$ 输出信号，PC_6 作为 $\overline{ACK_A}$ 输入信号，而 PC_3 作为 $INTR_A$ 输出信号；另外，可用程序控制 $INTE_A$（PC_6），决定是否采用中断方式。打印机接口的时序与 8255A 的选通输出方式的时序类似，但略有差别，用单稳电路 74LS123 即可满足双方的时序要求，见图 7-15。

图 7-15　方式 1 的打印机接口

假设端口 A、端口 B、端口 C 的 I/O 地址为 FFF8H、FFFAH 和 FFFCH。控制端口的地址为 FFFEH。以下为采用选通方式输出缓冲区 BUF 中的打印字符的子程序，输出的字节数为 M。程序段如下。

```
PRINT   PROC
        PUSH AX                 ; 保护寄存器
        PUSH BX
        PUSH CX
        PUSH DX
        MOV DX，0FFFEH           ; 设定端口 A 为选通输出方式
        MOV AL，0A0H
        OUT DX，AL
        MOV AL，0CH              ; 使 INTEA（PC₆）为 0，禁止中断
        OUT DX，AL
        MOV CX，M               ; 打印字节数送 CX
        MOV BX，OFFSET BUF      ; 取缓冲区首址送 BX
PRINT1: MOV AL，[BX]            ; 取一个数据
        MOV DX，0FFF8H
        OUT DX，AL              ; 从端口 A 输出
```

```
            MOV DX, 0FFFCH
PRINT2:     IN AL, DX                       ; 读端口 C
            TEST AL, 80H                    ; 检测 OBF_A（PC_7）为 1 否?
            JZ PRINT2                       ; 为 0，则继续检测
            INC BX                          ; 为 1，说明数据已输出
            LOOP PRINT1                     ; 准备取下一个数据输出
            POP DX                          ; 打印结束, 恢复寄存器
            POP CX
            POP BX
            POP AX
            RET                             ; 返回
PRINT       ENDP
```

方式 0 与方式 1 的主要区别是: 方式 0 中, 由软件对 PC$_7$ 复位和置位来产生打印机的选通信号, 而方式 1 中, 8255A 芯片工作在选通方式, 当执行输出指令时, 自动由硬件从 PC$_7$ ($\overline{\text{OBF}_A}$) 输出负脉冲选通信号。当打印机的 $\overline{\text{ACK}_A}$ 信号变为有效时, 自动将 PC$_7$ 置为高电平。

习题七

7.1　8255A 芯片的 3 个端口在功能上各有什么特点? 8255A 芯片内部的 A 组和 B 组控制部件各管理哪些端口?

7.2　8255A 芯片有哪几种工作方式? 每种工作方式有何特点?

7.3　8255A 芯片的方式选择字和置位/复位字写入什么端口? 用什么方式区分它们?

7.4　8255A 芯片中, 端口 C 有哪些独特的用法?

7.5　若端口 A 工作在方式 2, 端口 B 工作在方式 1 输入, 则端口 C 各位的作用是什么? 若端口 A 工作在方式 2, 端口 B 工作在方式 0 输出, 则端口 C 各位的作用又是什么?

7.6　假定 8255A 芯片的地址为 60H～63H, 端口 A 工作在方式 2, 端口 B 工作在方式 1 输入, 请写出初始化程序段。

7.7　利用 8255A 芯片模拟实现交通灯的控制: 在十字路口的纵横两个方向上均有红、黄、绿三色交通灯(用三种颜色的发光二极管模拟), 要求两个方向上的交通灯能按正常规律亮灭, 画出硬件连线图并写出相应的控制程序。设 8255A 芯片的端口地址为 60H～63H。

7.8　请用 8255A 芯片设计一个并行接口, 实现主机与打印机的连接, 并给出以中断方式实现与打印机通信的程序。设 8255A 芯片的端口地址为 60H～63H。

7.9　说明 PC 中扬声器发声电路的工作原理, 编写产生频率为 1000Hz 的发声程序。

7.10　如图 7-16 所示, 设 8255A 芯片端口地址为 2F80～2F83H, 编写程序设置 8255A 芯片, 使 A 组、B 组均工作于方式 0, 端口 A 输出, 端口 B 输出, 端口 C 高 4 位输入、低 4 位输出。然后读入开关 S 的状态, 若 S 打开, 则使发光二极管熄灭; 若 S 闭合, 则使发光二极管点亮。

图 7-16　习题 7-10

第 8 章　可编程定时/计数器 8253

本章要点

◆ 了解定时/计数的基本概念和实现方法

◆ 了解可编程定时/计数器 8253 的主要功能

◆ 了解可编程定时/计数器 8253 的引脚及功能说明

◆ 掌握可编程定时/计数器 8253 的工作方式

◆ 掌握可编程定时/计数器 8253 的控制字和初始化编程

◆ 掌握可编程定时/计数器 8253 的应用设计编程

8.1　概述

在微型计算机应用中常常需要定时或计数，如系统基准定时、动态存储器的刷新定时、扬声器音调控制及磁盘驱动器定时等。如果由 CPU 来定时或计数，则 CPU 在定时或计数过程中就不能进行其他工作，会使微型计算机效率降低、性能下降。定时/计数器接口电路可以代替 CPU 完成这项工作。本章将首先介绍定时/计数的基本概念、基本的实现方法，然后着重讨论 Intel 系列的 16 位可编程定时/计数器 8253 的结构、功能特点、编程使用方法和应用实例。

8.1.1　定时/计数的基本概念

所谓定时/计数，就是通过硬件或软件的方法产生一个时间基准，以此来实现对系统的定时或延时控制。

8.1.2　实现定时和计数的方法

实现定时和计数的方法通常有软件定时、不可编程硬件定时、可编程定时/计数器三种方法。

（1）软件定时：即让计算机执行一个专门的指令序列（也称延时程序），由执行指令序列中各条指令所花费的时间来构成一个固定的时间间隔，从而达到定时或延时的目的。通过恰当地选择指令并安排循环次数，可以很容易地实现软件定时。它的优点是不需增加硬件设备，只需编制延时程序即可；缺点是执行延时程序需要占用 CPU 的时间开销，延时时间越长，时间开销越大，浪费了 CPU 资源。

（2）不可编程硬件定时（也称完全硬件定时）：即采用电子器件构成定时电路，通过调整和改变电路中的定时元件（如电阻和电容）的数值，实现调整和改变定时的数值与范围。它的优点是不占用 CPU 资源，电路也不复杂；缺点是缺少灵活性，电路连接好以后，定时的数值和范围不能改变。

（3）可编程定时/计数器：通过软件的方法可以很容易地确定和改变定时数值及其调整范围，定时精确，使用灵活方便，在三种定时方法中使用最为广泛。

常用的可编程定时/计数器芯片很多，如 Zilog 公司的可编程定时/计数电路 CTC（Counter/Timer Circuit）、Intel 公司的可编程定时/计数器 8253/8254（Programmable Counter/Timer 8253/8254）等。熟悉这些芯片的功能特点及其在系统中的编程使用方法，对于了解和掌握计算机与实时控制系统中的定时/计数技术将有很大的帮助。

本章将以 Intel 的 8253 芯片为例，详细介绍它的结构、功能特点、编程使用方法及应用实例。

8.2　8253 的结构与工作方式

8.2.1　8253 的主要功能

8253 可编程定时/计数器的主要功能如下：

① 具有 3 个独立的 16 位计数器；

② 每个计数器都可按照二进制数或 BCD 码计数；

③ 每个计数器的计数速率最高可达 2MHz；

④ 每个计数器有 6 种工作方式，均可由程序设置和改变；

⑤ 所有输入/输出都与 TTL 电平兼容。

8253 的读/写操作对系统时钟没有特殊要求，因此它几乎可以应用于任何一种微型计算机系统中，可作为可编程的事件计数器、分频器、方波发生器、实时时钟及单脉冲发生器等。

8.2.2　8253 的内部结构与外部引脚

1. 8253 的内部结构

8253 的内部结构由数据总线缓冲器、读/写控制逻辑、控制寄存器和 3 个独立的计数器组成，如图 8-1 所示。

图 8-1　8253 的内部结构框图

（1）数据总线缓冲器

该缓冲器为 8 位双向、三态缓冲器，是 8253 与系统数据总线（$D_0 \sim D_7$）相连的接口电路，可以直接挂在数据总线上。CPU 用输入/输出指令对 8253 进行读/写操作时的所有信息都通过该缓冲器传送。

（2）读/写控制逻辑

读/写控制逻辑接收来自 CPU 的控制信号，包括读信号 $\overline{RD}$、写信号 $\overline{WR}$、片选信号 $\overline{CS}$、端口选择信号 A_1 和信号 A_0，经过逻辑控制电路的组合产生相应的操作控制信号。

（3）控制寄存器

控制寄存器是一个只能写入、不能读出的 8 位寄存器。当地址信号 $A_1 = A_0 = 1$ 时，CPU 用输出命令对控制寄存器写入控制字，完成对计数器的工作方式、读/写格式、计数的数制等的设置。

（4）计数器

8253 内部有 3 个独立的计数器：计数器 0、计数器 1 和计数器 2。每个计数器的内部结构完全相同，都包含一个 16 位计数初值寄存器、一个 16 位减法计数器（计数执行单元）和一个 16 位计数值输出锁存器。其工作过程如下：

当置入初值后，计数执行单元开始对输入脉冲 CLK 进行减 1 计数，当减到 0 时，从 OUT 端输出一个信号，整个过程可以重复进行。计数器既可以按二进制计数，也可以按十进制计数。另外，在计数过程中，计数器还受门控信号 GATE 的控制。在不同工作方式下，计数器的输入 CLK、输出 OUT 和门控信号 GATE 之间的关系不同（详见 8.2.3 节）。

2．8253 的引脚及功能

8253 采用单电源+5V 供电，是具有 24 个引脚的双列直插式芯片，其引脚图如图 8-2 所示。

图 8-2　8253 的引脚图

主要引脚的功能如下。

（1）$D_0 \sim D_7$：8 位双向数据线，与系统数据总线 $D_0 \sim D_7$ 相连。用于传送数据、控制字和计数初值。

（2）A_0、A_1：地址信号线。高位地址信号经译码产生 $\overline{CS}$ 片选信号，决定 8253 芯片所具有的地址范围。A_0 和 A_1 地址信号经片内译码产生 4 个有效地址，分别对应芯片内部 3 个独立的计数器（通道）和 1 个控制寄存器。具体功能如表 8-1 所示。

表 8-1　A₀、A₁ 信号组合功能

A₀	A₁	功　能
0	0	选择计数器 0
0	1	选择计数器 1
1	0	选择计数器 2
1	1	选择控制寄存器

（3）$\overline{RD}$、$\overline{WR}$：读/写控制信号，输入，低电平有效。有效时，表示 CPU 要对此定时器芯片进行读/写操作。

（4）$\overline{CS}$：片选信号，输入，低电平有效。由系统高位 I/O 地址译码产生。当它有效时，此定时器芯片被选中。

A₀、A₁、$\overline{RD}$、$\overline{WR}$、$\overline{CS}$ 各信号配合实现 8253 的读/写操作，如表 8-2 所示。

表 8-2　8253 读/写操作逻辑

$\overline{CS}$	$\overline{RD}$	$\overline{WR}$	A₁	A₀	功　能　说　明
0	1	0	0	0	计数初值装入计数器 0
0	1	0	0	1	计数初值装入计数器 1
0	1	0	1	0	计数初值装入计数器 2
0	1	0	1	1	写控制字
0	0	1	0	0	读计数器 0 当前计数值
0	0	1	0	1	读计数器 1 当前计数值
0	0	1	1	0	读计数器 2 当前计数值

（5）CLK₀~₂：计数器 0~2 的时钟信号输入端。8253 工作时，每收到一个时钟信号 CLK，计数值就减 1。CLK 信号是计数器工作的计时基准，因此其频率要求很精确。

（6）GATE₀~₂：计数器 0~2 的门控信号输入端，用于控制计数的启动和停止。在 8253 不同的工作方式下，GATE 信号的控制作用不同。多数情况下，GATE=1 时允许计数，GATE=0 时停止计数。但有时仅用 GATE 的上升沿启动计数，启动后 GATE 的状态不再影响计数过程（详见 8.2.3 节）。

（7）OUT₀~₂：计数器 0~2 的输出端，由它连接外部设备以控制其启/停。当计数值减为 0 时，OUT 引脚将输出 OUT 信号。OUT 信号可以是方波或脉冲等，用来指示定时或计数已到（详见 8.2.3 节）。

8.2.3　8253 的工作方式

8253 共有 6 种工作方式。在不同的工作方式下，启动计数器的触发方式、计数过程中 GATE 信号对计数过程的影响、OUT 端的输出波形、更新计数值的影响及自动重复功能等存在着不同。

下面将借助工作波形来分别说明 6 种工作方式的计数过程。

1．方式0——计数结束中断

（1）工作过程

方式0的工作波形图如图8-3所示。控制字（Control Word，CW）写入控制寄存器后，在写控制信号 $\overline{WR}$ 的上升沿，输出信号 OUT 变为低电平且在计数过程中一直维持低电平。

图8-3　方式0的工作波形图

开始计数要有两个条件：一是门控信号 GATE 必须为高电平，二是写入计数器初值 N。满足以上两个条件后（计数初值 $N=4$），在每个 CLK 时钟下降沿，计数器进行减1计数，直到计数值减到0时，输出 OUT 变为高电平，并且一直保持到该通道重新装入计数初值或重新设置工作方式为止。

（2）特点

① 方式0是一种软件启动、不自动重复计数的方式。即每写入一次计数初值只计数一个周期，若要重新计数，需再次写入计数初值。

② 在计数过程中，可由门控信号 GATE 暂停计数。当 GATE 为低电平时，计数暂停；当GATE 为高电平时，接着计数。

③ 计数过程中可随时修改计数初值，即使原来的计数过程没有结束，计数器也用新的计数初值重新计数。

④ 方式0的输出信号可作为中断请求信号使用。

⑤ 输出波形：延时时间可变的上升沿。

2．方式1——可重复触发的单稳态触发器

（1）工作过程

方式1的工作波形图如图8-4所示。写入控制字后，输出信号 OUT 为高电平，写入计数初值后，计数器并不开始计数，而是要等门控信号 GATE 出现由低电平到高电平的跳变（触发）后，在下一个 CLK 脉冲的下降沿才开始计数，此时输出端（OUT）立刻变为低电平。计数结束后，输出端输出高电平。这样，输出端就产生一个宽度为 N 个时钟周期的负脉冲。

图8-4　方式1的工作波形图

（2）特点

① 方式 1 是一种硬件启动、不自动重复计数的方式。

② 可重复触发。当计数到 0 后，不用再次送计数初值，只要 GATE 的上升沿重新触发一次计数器，即可产生一个同样宽度的负脉冲。

③ 如果在计数器未减到 0 时，GATE 又一次触发，则计数器将从初值开始重新计数，从而使输出负脉冲加宽，宽度为重新触发前的已有宽度与新一轮计数过程的宽度之和。

④ 在计数过程中，若写入新的计数初值，则本次计数过程的输出不受影响。只有 GATE 再次触发启动后，计数器才开始按新计数值输出单稳脉冲。

⑤ 输出波形：宽度为 N 倍 CLK 周期的单一负脉冲。

3. 方式 2——频率发生器

（1）工作过程

方式 2 的工作波形图如图 8-5 所示。写入控制字后，输出端（OUT）变成高电平。写入计数初值后，如果 GATE 为高电平，则计数器从下一个 CLK 的下降沿开始计数，经过（$N-1$）个 CLK 周期（此时计数值减为 1），输出端变为低电平，再经过一个 CLK 周期，计数值减到 0 时，输出端又恢复为高电平。

图 8-5　方式 2 的工作波形图

由于在方式 2 下，计数器可自动重复计数，因此在计数减到 0 后，计数器又自动装入计数初值，并开始新一轮的计数。这样，在输出端就会连续输出宽度为一个 CLK 周期的负脉冲，其周期为 N 倍 CLK 周期，即输出端输出的脉冲频率为 CLK 的 $1/N$。因此，方式 2 也称为分频器，分频系数就是计数初值 N。利用不同的计数初值，可以实现对 CLK 时钟脉冲进行 1～65536 的分频。

（2）特点

① 在方式 2 下，计数器既可以用软件启动，也可以用硬件启动。

② 方式 2 是一种连续计数的工作方式。不用重新设置计数初值，通道就能连续工作，输出固定频率的脉冲。

③ 计数过程可由 GATE 信号控制。当 GATE 信号为低电平时，立即暂停现行计数；当 GATE 信号为高电平时，从计数初值开始重新计数。

④ 如果在计数过程中重新写入计数值，则对于正在进行的计数无影响，而是直到计数器减到 1 之后，才装入新的计数初值并进行计数。

⑤ 在方式 2 中，一个计数周期应包括输出端输出负脉冲所占的那一个时钟周期。

⑥ 输出波形：周期为 N 倍 CLK 周期，宽度为 CLK 周期的连续负脉冲。

4．方式 3——方波发生器

（1）工作过程

方式 3 的工作波形图如图 8-6 所示。写入控制字后，输出端（OUT）立刻变为高电平。计数器装入初值后，若此时 GATE 信号为高电平，则开始计数。

图 8-6　方式 3 的工作波形图

若计数初值 N 为偶数，则计数到 N/2 时，输出端变为低电平，计完其余的 N/2 后，输出端又变为高电平，如此这般自动重复下去。输出端输出周期为 N 倍 CLK 周期的对称方波。

若计数初值 N 为奇数，则输出波形不对称，其中前(N+1)/2 个时钟周期，输出端为高电平，而后(N-1)/2 个时钟周期，输出端为低电平。

（2）特点

① 方式 3 与方式 2 类似，也有两种启动方式，也能自动重复计数。

② 如果在计数过程中，GATE 信号变为低电平，则立刻终止计数，且输出端马上变为高电平。直到 GATE 再次有效，计数器将重新装入计数初值，从头开始计数。

③ 如果要求改变输出方波的频率，可在任意时刻重新写入新的计数初值，并从下一个计数操作周期开始改变输出方波的频率。

④ 输出波形：周期为 N 倍 CLK 周期的连续方波。

5．方式 4——软件触发选通

（1）工作过程

方式 4 的工作波形图如图 8-7 所示。写入控制字后，输出端（OUT）立刻变为高电平。若此时 GATE 信号为高电平，则装入计数初值后计数立即开始。计数结束时，由输出端输出一个 CLK 周期宽的负脉冲。

图 8-7　方式 4 的工作波形图

（2）特点

① 方式 4 是一种软件启动、不自动重复计数的方式。若要再次启动计数过程，则必须重新写入计数初值。

② 当 GATE 为高电平时，允许计数；当 GATE 为低电平时，禁止计数。所以，要实现软

件启动，GATE 应为高电平。

③ 如果在计数过程中修改计数值，则计数器从下一个 CLK 脉冲开始以新的计数值计数。即计数过程中，修改计数初值会影响正在进行的计数，故称之为软件触发选通。

④ 注意，在方式 4 与方式 2 下，输出端输出波形是不同的。

⑤ 输出波形：宽度为 CLK 周期的单一负脉冲。

6. 方式 5——硬件触发选通

（1）工作过程

方式 5 的工作波形图如图 8-8 所示。写入控制字后，输出信号 OUT 为高电平，写入计数初值后，计数器并不开始计数，而是要等门控信号 GATE 出现由低电平到高电平的跳变（触发）后，在下一个 CLK 脉冲的下降沿才开始计数。计数器减到 0 时，输出一个持续时间为一个时钟周期的负脉冲，然后输出信号恢复为高电平，并自动装入初值，等待下一个 GATE 触发信号。

图 8-8　方式 5 的工作波形图

（2）特点

① 方式 5 为硬件启动、不自动重复计数的工作方式（与方式 1 相同）。

② 在计数过程中，若 GATE 发生正跳变，则不管计数是否结束，都将开始新的计数。可以通过硬件电路产生门控信号 GATE，因此称之为硬件触发选通。

③ 若在计数过程中改变计数值，不会影响正在进行的计数。只有当又出现 GATE 上升沿时，计数器才以新的计数值进行计数。

④ 输出波形：宽度为 CLK 周期的单一负脉冲。

7. 8253 工作方式小结

为了更好地理解和掌握 8253 的 6 种工作方式，现将它们的功能和输出波形情况总结如表 8-3 所示。

表 8-3　8253 的 6 种工作方式功能及输出波形（计数初值为 N）

方　　式	功　　能	输　出　波　形
0	单次计数，计数结束中断	延时时间可变的上升沿
1	可重复触发的单次脉冲	宽度为 N 倍 CLK 周期的单一负脉冲
2	频率发生器（分频器）	周期为 N 倍 CLK 周期，宽度为 1 个 CLK 周期的连续负脉冲
3	方波发生器	周期 N 倍 CLK 周期的连续方波
4	单次计数，软件触发选通	宽度为 CLK 周期的单一负脉冲
5	单次计数，硬件触发选通	宽度为 CLK 周期的单一负脉冲

通过以上内容，可以看到在 8253 工作过程中 GATE 信号的作用，以及改变计数初值对输出有较大影响，分别总结如表 8-4 和表 8-5 所示。

表 8-4　门控信号 GATE 在 8253 各种工作方式中的作用

方　　式	GATE 为低电平或变到低电平	GATE 上升沿	GATE 为高电平
0	禁止计数	不影响	允许计数
1	不影响	启动计数	不影响
2	禁止计数并置输出为高电平	初始化计数	允许计数
3	禁止计数并置输出为高电平	初始化计数	允许计数
4	禁止计数	不影响	允许计数
5	不影响	启动计数	不影响

表 8-5　改变计数初值对 8253 各种工作方式计数的影响

方　　式	改变计数初值的影响
0	立即有效
1	外部触发后有效
2	计数到 0 后有效
3	计数到 0 后有效
4	立即有效
5	外部触发后有效

8.2.4　8253 的方式控制字和初始化编程

8253 具有 3 个独立计数器，每个计数器必须单独编程进行初始化后方可使用。CPU 通过指令将控制字写入 8253 的控制寄存器，从而确定 3 个计数器分别工作于哪种工作方式。

1．8253 的方式控制字

方式控制字用于设置所选计数器的工作方式、计数形式等，格式如图 8-9 所示。

图 8-9　8253 的方式控制字格式

8253 方式控制字中各数据位的作用如下。

（1）D_7、D_6：计数器选择位。

方式控制字的 D_7、D_6 两位为 00、01、10 时，分别对应选择 3 个计数器。

（2）D_5、D_4：读/写方式选择位。

$D_5D_4 = 00$，表示将当前计数器中的数据锁存于缓冲器中，以便 CPU 读出。

$D_5D_4 = 01$，表示写入时，只写入计数初值低 8 位，高 8 位置 0；读出时，只读出低 8 位的当前计数值。

$D_5D_4 = 10$，表示写入时，只写入计数初值高 8 位，低 8 位置 0；读出时，只读出高 8 位的当前计数值。

$D_5D_4 = 11$，表示写入时，计数初值为 16 位，分两次写入，先写低 8 位，后写高 8 位；读出时，当前计数值为 16 位，分两次读出，先读低 8 位，后读高 8 位。

（3）D_3、D_2、D_1：工作方式选择位。

$D_3D_2D_1$ 用于设置计数器的工作方式，通过设置可选择 6 种工作方式之一。

（4）D_0：计数码制选择位。

$D_0 = 0$，表示按二进制格式计数，计数值范围是 0000H～FFFFH，计数初值为 0000H 时，表示最大计数次数为 65536。

$D_0 = 1$，表示按 BCD 码格式计数，计数值范围是 0000～9999，计数初值为 0000 时，表示最大计数次数为 10000。

由于计数器做减 1 操作，因此当计数初值为 0000 时，对应的计数值为最大（二进制计数时为 65536，BCD 码计数时为 10000）。

2．8253 的读/写操作及初始化编程

8253 是可编程接口芯片，使用前必须先对它进行初始化编程。8253 的编程命令有两类：一类是写入命令，包括设置控制字、设置计数器的计数初值命令和锁存命令；另一类是读出命令，用来读取计数器的当前值。

锁存命令是配合读出命令使用的。在读计数值前，必须先用锁存命令锁定当前计数寄存器的值。否则，在读数时，减 1 计数寄存器的值一直处在动态变化过程中，当前计数输出寄存器就会得到一个不确定的结果。当锁定值被读出之后，锁存功能自动消失，输出寄存器的内容跟随减 1 计数寄存器变化。这就保证了 CPU 既能在计数过程中读取计数值，又不影响计数过程。

（1）写入命令

8253 的初始化编程包括以下两个步骤。

① 向 8253 写入控制字：确定所选通道的工作方式和计数格式，同时起到复位作用。

② 向 8253 的通道写入计数初值：每个通道在写入控制字和计数初值之后开始工作。

8253 有 3 个计数器，需对其分别进行初始化。

例 8.1　某微型计算机系统中 8253 的端口地址为 40H～43H，要求计数器 0 工作在方式 0，计数初值为 128，按照二进制计数；计数器 1 工作在方式 2，计数初值为 1000，按 BCD 码计数。写出初始化程序。

分析：根据题目要求，计数器 0 的方式控制字如下：

计数器0　　只写低8位　　方式0　　二进制计数

计数器 1 的方式控制字如下：

计数器1　　只写高8位　　方式2　　BCD码计数

初始化程序如下：

```
MOV    AL, 10H        ; 写计数器 0 控制字
OUT    43H, AL
MOV    AL, 80H        ; 写计数器 0 计数初值
OUT    40H, AL
MOV    AL, 65H        ; 写计数器 1 控制字
OUT    43H, AL
MOV    AL, 10H        ; 写计数器 1 计数初值（写入 BCD 码的高 8 位，低 8 位默认为 0）
OUT    41H, AL
```

例 8.2　利用 8253 的计数器 2 产生频率 f=100Hz 的方波。设计数时钟脉冲的频率 f_{CLK} = 1000kHz。若要求 8253 的地址为 80H～83H，试写出初始化程序。

分析：根据题目要求，产生方波信号，因此选择方式 3。方波信号的频率为 100Hz，时钟脉冲的频率为 1000kHz，计数初值 $N=f_{CLK}/f=10^6/10^2=10^4=2710H$。$N > 9999$，所以只能采用二进制计数。其方式控制字如下：

计数器2　　先低8位后高8位　　方式3　　二进制计数

初始化程序如下：

```
MOV    AL, 0B6H       ; 写计数器 2 控制字
OUT    83H, AL
MOV    AX, 2710H      ; 写计数器 2 计数初值（先写低 8 位，后写高 8 位）
OUT    82H, AL
MOV    AL, AH
OUT    82H, AL
```

（2）读出命令

CPU 可对 8253 的计数器进行读操作，以读出计数器的当前值。有两种方法。

方法一：利用门控信号 GATE 为低电平或关闭 CLK 脉冲，使计数操作暂停，来读取当前的计数值。此时，应向 8253 控制寄存器中送入一个方式控制字，选择要读取的计数器并设定读/写方式。当 D_5D_4 = 01 或 10 时，用一条 IN 指令即可读出当前计数值；当 D_5D_4 = 11 时，需要使用两条 IN 指令读取计数值，通常是先读低字节，再读高字节。

方法二：在计数过程中读出计数值，不影响计数器的工作。此时，应向 8253 的控制寄存器写入一个特定的方式控制字（$D_7D_6$00××××），即锁存读指令，将所选中的计数器当前计数值锁存起来，随后用两条 IN 指令将计数值读出。在此过程中，计数器的减 1 操作仍继续进行，这种读取计数值的方法称为锁存读，又称飞读。

例如，采用锁存读的方法，读取计数器 1 的 16 位计数值，写入特定方式控制字如下：

D_7	D_6	D_5	D_4	D_3	D_2	D_1	D_0
0	1	0	0	0	0	0	0

计数器1　　计数器锁存

其程序如下：

```
MOV     AL, 40H          ; 写入特定方式控制字
OUT     COTR, AL
IN      AL, CNT1         ; 第一次读低 8 位
MOV     CL, AL
IN      AL, CNT1         ; 第一次读高 8 位
MOV     CH, AL
```

8.2.5　8253 的应用设计举例

例 8.3　设计一个用 8253 控制 LED 的系统，要求 LED 点亮 10s，熄灭 10s，以此规律循环。8253 的各端口地址为：81H、83H、85H、87H。

分析：

（1）由题意可知 8253 端口地址的分配为

计数器 0：81H；

计数器 1：83H；

计数器 2：85H；

控制字寄存器：87H。

因此，8253 的 A_0 和 A_1 端应分别连接地址总线的 A_1 和 A_2 端。

（2）根据控制要求，8253 最终应输出周期为 20s 的方波。但时钟频率为 2MHz，16 位计数器最大定时时间为 $0.5\mu s \times 65536 = 32.768ms < 20s$，因此需要两个计数器。设采用计数器 0 和计数器 1，且采用 BCD 码计数。

计数器 0：采用方式 2，OUT_0 输出 400Hz 脉冲作为 CLK_1 的输入，计数初值=2MHz/400Hz=5000；

计数器 1：采用方式 3，OUT_1 输出 0.05Hz 方波控制 LED 灯，计数初值=400Hz/0.05Hz=8000。

8253 控制 LED 系统的连接示意图如图 8-10 所示。

8253 的初始化程序如下：

```
MOV AL, 35H      ; 写入计数器 0 控制字
OUT 87H, AL
MOV AL, 00H      ; 写入计数器 0 计数初值（先写低 8 位，后写高 8 位）
OUT 81H, AL
MOV AL, 50H
```

```
        OUT 81H，AL
        MOV AL，77H        ；写入计数器 1 控制字
        OUT 87H，AL
        MOV AL，00H        ；写入计数器 1 计数初值（先写低 8 位，后写高 8 位）
        OUT 83H，AL
        MOV AL，80H
        OUT 83H，AL
```

图 8-10　8253 控制 LED 系统连接示意图

习题八

8.1　与 8253 的 3 个计数器通道相对应的有 3 个引脚：CLK、GATE 和 OUT，这 3 个引脚分别起什么作用？

8.2　可编程定时/计数器 8253 有哪几种工作方式？各有何特点？

8.3　可编程定时/计数器 8253 选用二进制数与 BCD 码计数的区别是什么？每种计数方式的最大计数值分别为多少？

8.4　设 8253 计数器的时钟输入频率为 1.9MHz，为产生 25kHz 的方波输出信号，计数器初值应该设置为多少？

8.5　在某微机系统中，8253 的 3 个计数器的端口地址分别为 60H、61H 和 62H，控制字寄存器的端口地址为 63H，要求 8253 的通道 0 工作于方式 3，采用二进制数计数，计数初值为 1234H，试编写初始化程序。

第9章 可编程串行接口芯片 8251A

📖 **本章要点**

◆ 了解串行通信的基本概念
◆ 了解串行通信接口标准
◆ 了解串行通信接口的基本组成
◆ 了解 8251A 的结构和引脚
◆ 掌握 8251A 控制字含义
◆ 掌握 8251A 初始化及应用编程

9.1 串行通信概述

采用串行通信的原因主要是为了降低通信线路的价格和简化通信设备，并且可以利用现有的通信线路。

9.1.1 串行通信的基本概念

1. 传送方式

按照数据流的方向，可以把串行通信分成三种基本的传送模式：单工、半双工和全双工方式。

（1）单工（Simplex）：仅能进行一个方向上的传送，如图 9-1（a）所示。单工通信类似无线电广播，电台只能发送信号，收音机只能接收信号。

（2）半双工（Half-Duplex）：能交替地进行双向数据传送，但两设备之间只有一条传输线，因此两个方向的数据传送不能同时进行，如图 9-1（b）所示。半双工通信类似对讲机，某时刻一方发送另一方接收，双方不能同时发送和接收。

（3）全双工（Full-Duplex）：两设备之间有两条传输线，能在两个方向上同时进行数据传送，如图 9-1（c）所示。全双工通信类似电话机，双方可以同时发送和接收。

（a）单工方式　　　　　　　（b）半双工方式　　　　　　　（c）全双工方式

图 9-1　串行通信的传送方式

2. 数据传输有关的基本概念

（1）控制数据传输速率的意义和方法

串行通信时，要求双方的传输速率严格一致。并在传输开始之前要预先设定，否则将发生错误。因此，对传输速率要进行控制。

在数字通信中，传输速率也常称为波特率（Baud Rate），单位是波特（Baud）。因此，数据传输速率的控制是通过波特率时钟发生器和设置波特率因子来实现的，为此，要求波特率时钟发生器产生一系列标准的波特率，供用户选用。波特率时钟发生器，有的包含在串行通信接口芯片中，如8250/16450/16550 UART中设置了波特率时钟发生器；有的需要单独设计，如8251 USART芯片中不包含波特率时钟发生器，需要利用82C54作为外加波特率时钟发生器。

（2）波特率

波特率是每秒传输串行数据的位数。每秒传输1位，就是1波特。每秒传输1200位，就是1200波特。对于二进制数，1Baud=1b/s（位/秒，也可写成bps）。可见，波特率用来衡量串行数据传输速率很合适。虽然波特率可以由通信双方任意定义为每秒多少位，但在串行通信中，采用标准的波特率系列，如1200b/s、2400b/s、4800b/s、9600b/s等。

有时也用"位周期"来表示传输速率，即传输1位数据所需的时间。显然，位周期是波特率的倒数。例如，串行通信的数据传输速率为1200b/s，则每一个数据位的传输时间 T_d 为波特率的倒数：

$$T_d = \frac{1b}{1200b/s} \approx 0.833ms$$

（3）发送/接收时钟

把二进制数据序列称为比特组，由发送器发送到传输线上，再由接收器从传输线上接收。二进制数据序列在传输线上以数字信号形式出现，即用高电平表示二进制数"1"，用低电平表示二进制数"0"。而且每一位持续的时间是固定的，在发送时以发送时钟作为数据位的划分界限，在接收时以接收时钟作为数据位的检测标准。

① 发送时钟：串行数据的发送由发送时钟 T_XC 控制，数据发送过程是：把并行的数据序列送入移位寄存器，然后通过移位寄存器由发送时钟触发进行移位输出，数据位的时间间隔可由发送时钟周期来划分。

② 接收时钟：串行数据的接收由接收时钟 R_XC 来检测，数据接收过程是：传输线上送来的串行数据序列由接收时钟作为移位寄存器的触发脉冲，逐位进入移位寄存器，即将串行数据序列逐位移入移位寄存器后组成并行数据序列的过程。

（4）波特率因子

为了提高发送/接收时钟对串行数据中数据位的定位采样频率，避免或减少假启动和噪声干扰，发送/接收时钟的频率一般都设置为波特率的整数倍，如1、16、32、64倍。并且把这个波特率的倍数称为波特率因子（Factor），或波特率系数。因此，可得波特率、波特率因子和发送/接收时钟频率三者之间的关系为

发送/接收时钟频率 = 波特率因子 × 波特率

例如，某一串行接口电路的波特率为1200b/s，波特率因子为 $16b^{-1}$，则发送时钟的频率=$16b^{-1}$×1200b/s=19200Hz。同理，当发送/接收时钟频率一定时，通过选择不同的波特率因子，即可得到不同的波特率。

在实际的串行接口电路中（如后面将要介绍的可编程串行接口芯片8251A），其发送和接收时钟信号通常由外部专门的时钟电路提供或由系统主时钟信号分频来产生，因此发送和接收时钟频率往往是固定的，但通过编程可选择各种不同的波特率因子，从而得到各种不同的

数据传输速率，十分灵活方便。

3. 同步通信与异步通信

在串行通信中有两种基本的通信方式：异步通信（Asynchronous Communication，ASYNC）和同步通信（Synchronous Communication，SYNC）。同步通信靠同步时钟信号来实现数据的发送和接收，而异步通信是一种利用一帧字符中的起始位和停止位来完成收发同步的通信方式。

（1）异步通信

所谓异步通信，是指通信中两个字符的时间间隔是不固定的，而在同一字符中的两个相邻代码间的时间间隔是固定的。异步通信的特点是：以帧（Frame）为传输单位，每一帧字符的传送靠起始位来同步，数据传输的速率（波特率）是双方事先约定好的，发送方和接收方的时钟频率不要求完全一样，但不能超过一定的允许范围。异步通信的数据帧格式如图 9-2 所示。

图 9-2　异步通信的数据帧格式

一帧由起始位开始，以停止位结束。两个帧之间为空闲位，一帧信息由 7～12 位二进制数组成。组成每帧数据的四个部分如下。

① 起始位：传输线上没有数据传输时，处于连续的逻辑"1"状态。一帧数据以 1 位逻辑"0"开始，它告诉接收方一帧数据开始，该位称为起始位。

② 数据位：起始位之后紧接着传送的是数据位，数据位的个数为 5～8 位，位数由收发双方约定，先发送低位。

③ 奇偶校验位：数据位之后是奇偶校验位。通信双方要事先约定是采用奇校验还是采用偶校验。如果采用奇校验传输，那么数据位和校验位中 1 的总个数为奇数。反之，采用偶校验传输时，数据位和校验位中 1 的总个数为偶数。奇偶校验位并不是必不可少的，也可以采用无校验传输。

④ 停止位：最后传输的是停止位，它可以是 1 位、1.5 位或 2 位的逻辑"1"信号，标志着一帧数据的结束。

（2）同步通信

同步通信是指不仅字符内部位与位之间的传输是同步的，而且字符与字符之间的传输也是同步的。同步通信的特点是：以数据块（字符块）为传输单位，要求字符内部的位传输是同步的，字符与字符之间的传输也应该是同步的，发送/接收两端必须使用同一时钟来控制数据块传输时字符与字符、字符内部位与位之间的定时。同步通信的数据帧格式如图 9-3 所示。

图 9-3　同步通信的数据帧格式

在每组信息的开始（常称为帧头）要加上 1～2 个同步字符，后面跟着 8 位字符数据，最后传输结束标志。

异步通信方式的传输速率低，传输设备简单，易于实现；而同步通信方式的传输速率高，传输设备复杂，技术要求高。因此，异步通信一般用在数据传输时间不能确定、发送数据不连续、数据量较少及数据传输速率较低的场合；而同步通信则用在要求快速、连续传输大批量数据的场合。

4．信号的调制与解调

计算机的通信是一种数字信号的通信，它要求传输线的频带很宽，而在长距离通信时，通常是利用电话线传输的，它不可能有较宽的频带，因此若用数字信号直接通信，经过传输线，信号就会畸变。所以，发送端要用调制器（Modulator）把数字信号转换为模拟信号；接收端用解调器（Demodulator）检测此模拟信号，再把它转换成数字信号，如图 9-4 所示。FSK（Frequency Shift Keying）是一种常用的调制方法：它把数字信号的"1"与"0"调制成不同频率（易于鉴别）的模拟信号。

图 9-4　调制与解调示意图

5．数据终端设备和数据通信设备

数据终端设备（Data Terminal Equipment，DTE）是对属于用户的所有联网设备和工作站的统称，它们是数据的源或目的地，或者既是源又是目的地。例如，数据输入/输出设备，通信处理机或各种大、中、小型计算机等。DTE 可以根据协议来控制通信的功能。

数据通信设备（Data Communication Equipment，DCE）是对网络设备的统称，该设备为用户设备提供入网的连接点。自动呼叫/应答设备、调制解调器（Modem）和其他一些中间设备均属于 DCE。

6．串行通信中的差错控制

（1）误码率的控制

所谓误码率，是指数据经传输后发生错误的位数与总传输位数之比。在计算机通信中，一般要求误码率达到 10^{-6} 数量级。

一个实际通信系统的误码率与系统本身的硬件、软件故障，外界电磁干扰，以及传输速率有关。为减小误码率，应从两方面做工作：一方面从硬件和软件着手，对通信系统进行可靠性设计，以达到尽量少出差错的目的；另一方面是对所传输的信息采用检错纠错编码技术，以便及时发现和纠正传输过程出现的差错。

（2）检错纠错编码方法的使用

在实际应用中，具体实现检错编码的方法很多，常用的有奇偶检验、循环冗余码检验（CRC）、海明码校验、交叉奇偶校验等。而在串行通信中应用得较多的是奇偶校验和循环冗余码校验。前者易于实现，后者适于逐位出现的信号的运算。

（3）错误状态的分析与处理

异步串行通信过程中常见的错误有奇偶检验错、溢出错、帧格式错等。这些错误状态一般都存放在接口电路的状态寄存器中，以供 CPU 进行分析和处理。

① 奇偶校验错：在接收方接收到的数据中，"1"的个数与奇偶校验位不符。这通常是由噪声干扰引起的，发生这种错误时接收方可要求发送方重发。

② 溢出错：接收方没来得及处理收到的数据，发送方已经发来下一个数据，造成数据丢失。这通常是由收发双方的速率不匹配引起的，可以采用降低发送方的发送速率或者在接收方设置 FIFO 缓冲区的方法来减少这种错误。

③ 帧格式错：接收方收到的数据与预先约定的格式不符。这种错误大多是由于双方数据格式约定不一致或干扰造成的，可通过核对双方的数据格式来减少错误。

④ 在查询方式的通信程序中，还有"超时错"。超时错一般因接口硬件电路速度跟不上而产生。

（4）错误校验

错误校验只在接收方进行，并且采用软件方法进行检测。一般在接收程序中采用软件编程方法，从接口电路的状态寄存器中读出错误状态位，判断有无错误，或者通过调用 BIOS软中断 INT 14H 的状态查询子程序来检测。

9.1.2　串行接口标准

1. RS-232C 串行接口标准

为了使通信能够顺利地进行，通信双方必须对通信的规则进行事前约定，这种约定好的并在通信过程中双方共同遵守的通信规则称为通信协议。它包括收发双方的同步方式、数据格式、传输速率、差错检验方式及其纠正方式、通信进程的控制等。

随着串行通信技术在计算机领域的广泛应用，美国电子工业协会（Electronic Industry Association，EIA）在 1969 年公布了一种目前使用最广泛的串行接口标准——RS-232C。该标准提供了一个利用公用电话网络作为传输媒体，通过调制解调器将远程设备连接起来的技术规定，它对串行接口电路中所使用的信号名称、功能和信号电平等做了统一的规定。

RS-232C 串行接口标准规定如下。

（1）机械特性

RS-232C 的机械特性规定使用一个 25 芯的标准连接器，并对该连接器的尺寸及针或孔芯的排列位置等都做了详细说明，但实际的用户并不一定需要用 RS-232C 标准的全集，因此一些生产厂家为 RS-232C 标准的机械特性做了变通的简化，使用一个 9 芯标准连接器，将不常用的信号线舍弃。两种不同的连接器，其引脚号的功能定义与排列也各不相同，使用时要特别注意。

（2）电气特性

RS-232C 的电气特性规定逻辑"1"的电平为-15～-5V，逻辑"0"的电平为+5～+15V。可见，RS-232C 采用的是负逻辑，并且逻辑电平幅值很高、摆幅很大。RS-232C 与 TTL 之间的差异如表 9-1 所示。显然，RS-232C 与计算机或终端所采用的 TTL 逻辑电平和逻辑关系并不兼容。因此，在两者之间通常需加电平转换电路，如图 9-5 所示。

表 9-1　RS-232C 与 TTL 之间的逻辑电平的差异

比较的内容	RS-232C	TTL
逻辑关系	负逻辑	正逻辑
逻辑电平	高（±15V）	低（±5V）
电压摆幅	大（-15V～+15V）	小（0～5V）

图 9-5　RS-232C 电平与 TTL 电平的转换

MC1488 和 MC1489 电路是专用于 TTL 和 RS-232C 之间进行电平转换的器件。要从 TTL 电平转换成 RS-232C 电平时，需用 MC1488 电路；反过来，从 RS-232C 电平转换成 TTL 电平时，需用 MC1489 电路。MC1489 电路只需接+5V 电源电压，而 MC1488 电路则需接±12V 两种电源电压。它们的详细使用说明可查阅有关的电路器件手册。

（3）信号线功能特性

RS-232C 的功能特性定义了 25 芯标准连接器中的 20 条信号线，其中 2 条地线、4 条数据线、11 条控制线、3 条定时信号线，剩下的 5 条线为备用或未定义。表 9-2 给出了部分常用信号的定义。

表 9-2　RS-232C 标准中部分常用信号的定义

信　　号	方　　向	功　　能	9 针连接器引脚号	25 针连接器引脚号
T_XD	DTE→DCE	发送数据	3	2
R_XD	DCE→DTE	接收数据	2	3
$\overline{RTS}$	DTE→DCE	请求发送	7	4
$\overline{CTS}$	DCE→DTE	发送允许	8	5

信　号	方　向	功　能	9 针连接器引脚号	25 针连接器引脚号
$\overline{DSR}$	DCE→DTE	数据设备就绪	6	6
GND	—	信号地	5	7
$\overline{DCD}$	DCE→DTE	载波检测	1	8
$\overline{DTR}$	DTE→DCE	数据终端就绪	4	20
$\overline{RI}$	DCE→DTE	响铃指示	9	22

（4）规程特性

RS-232C 的规程特性规定其工作过程是在各条控制信号线有序的"ON"（逻辑"0"）和"OFF"（逻辑"1"）状态下进行的。

2. RS-485 串行接口标准

由于 RS-232C 标准采用单端发送和单端接收，易受共模干扰，因此直接传输距离短，传输速率低，且只能单点对单点通信。为了实现更长距离的直接传输和更高的传输速率，在 RS-232C 的基础上进行改进，制定出了新的接口标准，如 RS-422 和 RS-485 标准。

RS-485 标准目前已在许多方面得到应用，尤其是在不使用 Modem、多点对多点通信系统中，如工业集散分布式系统、商业 POS 收银机、考勤机，以及智能大楼的联网，是一个很有发展前途的串行接口标准。下面简要介绍 RS-485 标准。

（1）RS-485 串行接口标准的特点

① 由于采用差动发送/接收和双绞线平衡传输，共模抑制比高，抗干扰能力强。因此，特别适合在干扰较严重的环境下工作，如在大型商场和车间中使用。

② 传输速率高，可达 10Mb/s（传输 15m），传输信号摆幅小（约 200mV）。

③ 传输距离长，不使用 Modem，采用双绞线，传输距离为 1.2km（100kb/s）。

④ 能实现多点对多点通信。

（2）RS-232C 与 RS-485 的转换

在实际应用中，往往会遇到一些仪器设备配置的是 RS-485（或 RS-422）标准，而计算机配置的是 RS-232C 标准，在要求这些仪器或设备与计算机进行通信时，两者的接口标准不一致，此时，就出现了 RS-232C 与 RS-485 的转换问题。

实际上，只需将发送数据线 T_XD 转换为差动信号，将接收的差动信号转换为接收数据线 R_XD，而 RS-232C 定义的其他信号不需要转换，维持不变。具体方法是，在发送端接口电路的发送数据线 T_XD 上加接平衡发送器 MAX485（半双工）或 MAX491（全双工），将单条发送数据线 T_XD 转换为差动信号线 AA 与 BB，并通过两条双绞线发送出去。在接收端加接差动接收器 MAX485（半双工）或 MAX491（全双工），将从两条双绞线 AA 与 BB 上传来的差动信号转换为单条数据信号，通过接口电路的接收数据线 R_XD 接收进来。

9.1.3　串行接口典型结构

计算机与外设之间的数据传输可以采用并行方式，也可以采用串行方式。如果采用串行方式，则需要在计算机与外设之间设置一个串行接口电路，其作用是把计算机的并行数据转换成串行数据发送出去，把接收到的外部串行数据转换成并行数据送入计算机。

串行接口主要由控制寄存器、状态寄存器、数据输入寄存器和数据输出寄存器四部分组成，其典型结构及与 CPU、外设的连接情况如图 9-6 所示。

图 9-6　串行接口典型结构及与 CPU、外设的连接

（1）控制寄存器：用于保存决定接口工作方式的控制信息。

（2）状态寄存器：每一个状态位都可以用来标识传输过程中某一种错误或当前的传输状态。

（3）数据寄存器：包括数据输入/输出寄存器，实现数据传输过程中的缓冲。

随着大规模集成电路技术的发展，常用的可编程同步和异步通信接口芯片种类越来越多，如表 9-3 所示。这些芯片的基本功能类似，只需要附加地址译码电路、波特率发生器及 RS-232C 与 TTL 电平转换器就可以编程实现串行通信。

表 9-3　常用的可编程同步和异步通信接口芯片

芯　　片	同　　步		异　　步
	面 向 字 符	HDLC	（起止式）
INS8250			√
MC6850			√
MC6852	√		
MC6854		√	
INT8251	√		√
INT8273		√	
Z80 SIO	√	√	√

9.2　8251A 的结构与工作方式

Intel 8251A 是可编程串行接口芯片，其主要特点如下：

① 可用于同步和异步通信；

② 接收、发送数据分别有各自的缓冲器，可以进行全双工通信；

③ 提供与外部设备，特别是调制解调器的联络信号，便于直接与通信线路连接；

④ 每个字符的位数可以是 5～8 位，可以设定奇或偶校验，也可不设校验。具有奇偶、

溢出、帧错误等检测电路。检验位的插入、检错及剔除都由芯片自动完成；

⑤ 异步通信时，停止位可选 1 位、1.5 位或 2 位，波特率为 0～19.2kb/s，时钟频率可设为波特率的 1、16 或 64 倍；

⑥ 同步通信时，波特率的范围为 0～56kb/s。可设为单同步、双同步或外同步，同步字符可由用户自行设定。

9.2.1　8251A 的内部结构和引脚

1．内部结构及性能

8251A 主要由数据总线缓冲器、接收器、发送器、读/写控制逻辑电路和调制解调器控制电路组成，其内部结构图如图 9-7 所示。

图 9-7　8251A 内部结构图

（1）数据总线缓冲器

通过 $D_7 \sim D_0$ 与 CPU 的数据总线相连，用来在 8251A 与 CPU 之间传送数据、命令或状态信息。

（2）接收器

由接收缓冲器和接收控制器组成。从外部通过数据接收端 R_XD 接收的串行数据逐位进入接收移位寄存器中。如果是异步方式，则应识别并删除起始位和停止位；如果是同步方式，则要检测到同步字符，确认已达到同步，接收器才可以开始接收串行数据。待一组数据接收完毕，可将移位寄存器中的数据并行归入数据输入寄存器中，同时输出 R_XRDY 有效信号，表示接收器中已准备好数据等待向 CPU 传送。

（3）发送器

由发送缓冲器和发送控制器两部分组成，把来自 CPU 的并行数据转换成串行数据从 T_XD 引脚发送出去。发送控制器和发送缓冲器配合工作，控制和管理所有与串行发送有关的功能。即在异步方式下，为数据加上起始位、校验位和停止位；在同步方式下，插入同步字符，在数据中插入校验位。

（4）读/写控制逻辑电路

接收与读/写有关的控制信号，由 $\overline{CS}$、$C/\overline{D}$、$\overline{RD}$、$\overline{WR}$ 的组合产生 8251A 所执行的操作，如表 9-4 所示。

表 9-4　8251A 的控制信号与执行的操作之间的对应关系

$\overline{CS}$	$\overline{RD}$	$\overline{WR}$	$C/\overline{D}$	执行的操作
0	0	1	0	CPU 由 8251A 输入数据
0	1	0	0	CPU 向 8251A 输出数据
0	0	1	1	CPU 读取 8251A 的状态
0	1	0	1	CPU 向 8251A 写入控制命令

（5）调制解调器控制电路

提供一组通用的控制信号，用来简化 8251A 与调制解调器的连接。

2．引脚定义及功能

8251A 是一个采用 NMOS 工艺制造、单一+5V 电源、28 引脚双列直插式封装的集成电路，其引脚图如图 9-8 所示。

图 9-8　8251A 引脚图

下面分类介绍 8251A 的引脚信号。

（1）与 CPU 之间的接口引脚

① 复位信号 RESET。输入，高电平有效，复位后，8251A 处于空闲状态直至被初始化编程。

② 双向数据信号 $D_0 \sim D_7$。8251A 通过这 8 条数据线与 CPU 的数据总线对应连接。

③ 读/写控制信号。

● $\overline{CS}$：片选信号，输入，低电平有效；$\overline{CS}$ 为低电平时，CPU 才能对 8251A 操作。

● $\overline{RD}$：读信号，输入，低电平有效。

● $\overline{WR}$：写信号，输入，低电平有效。

● $C/\overline{D}$：分时复用，控制/数据端口选择输入线。用来区分当前读/写的是数据还是控制信息或状态信息。当 $C/\overline{D}$ 为高电平时，系统处理的是控制信息或状态信息，从 $D_7 \sim D_0$ 端写入 8251A 的必须是方式字、控制字或同步字符。当 $C/\overline{D}$ 为低电平时，写入的是数据。

$\overline{CS}$、$C/\overline{D}$、$\overline{RD}$、$\overline{WR}$ 的组合与相应的操作之间的关系，如表 9-4 所示。

④ 收发联络信号。

● T_XRDY：发送准备好状态，输出，高电平有效。当发送移位寄存器空闲且允许发送（$\overline{CTS}$ 为低电平，同时命令字中 T_XEN 位为"1"）时，T_XRDY 输出为高电平，以通知 CPU 当前 8251A 已做好发送准备，CPU 可以向 8251A 传送一个字符。当 CPU 把发送的数据写入 8251A 后，T_XRDY 恢复为低电平。T_XRDY 可用来向 8259A 申请发送中断。

● T_XE：发送缓冲器空闲状态，输出，高电平有效。$T_XE = 1$，表示发送缓冲器中没有要发送的字符，CPU 把要发送的下一个数据写入 8251A 后，T_XE 自动复位。

● R_XRDY：接收准备好状态，输出，高电平有效。接收器接收到一个字符后，R_XRDY 为"1"，字符被 CPU 读取后恢复为"0"。R_XRDY 可用来向 8259A 申请接收中断。

● SYNDET/BRKDET：同步检测/断缺检测信号，高电平有效。在同步方式下，执行同步检测功能，同步状态输出或外同步信号输入。在异步方式下，实现断缺检测功能。

（2）与外部设备或调制解调器连接的引脚

● T_XD：发送数据输出。CPU 并行输出给 8251A 的数据从该引脚串行发送出去。

● R_XD：串行数据输入，高电平表示数字"1"，低电平表示数字"0"。

● $\overline{DTR}$：数据终端准备好，输出，低电平有效。CPU 对 8251A 写入命令字，使控制寄存器的 D_1 位置 1 时，$\overline{DTR}$ 变为低电平，以通知外设 CPU 当前已准备就绪。

● $\overline{DSR}$：数据装置准备好，输入，低电平有效。这是由调制解调器送入 8251A 的信号，是 $\overline{DTR}$ 的应答信号，表示调制解调器的数据已经准备好。当 $\overline{DSR}$ 端出现低电平时，会由 8251A 的状态寄存器的 D_7 位反映出来，CPU 可通过对状态寄存器进行读取操作，查询 D_7 位就可得到 $\overline{DSR}$ 状态，查询数据装置是否准备好。

● $\overline{RTS}$：请求发送，输出，低电平有效。CPU 通过将控制寄存器的 D_5 位置 1，可使 $\overline{RTS}$ 变为低电平，用于通知外设（调制解调器）CPU 已准备好发送数据。

● $\overline{CTS}$：发送允许输入信号，低电平有效。这是外设（调制解调器）对 8251A 的 $\overline{RTS}$ 的响应信号。$\overline{CTS}$ 有效，表示允许 8251A 发送数据。当 CPU 的请求发送信号 $\overline{RTS}$ 有效时，一旦外设发来 $\overline{CTS} = 0$，则开始发送数据。在发送过程中，如果 $\overline{CTS}$ 无效，发送器将已经写入的数据全部发送完后才停止发送。

（3）时钟信号

● $\overline{R_XC}$：接收器接收时钟，输入，它控制 8251A 接收字符的速度。在同步方式时，它由外设（调制解调器）提供，$\overline{R_XC}$ 的频率等于波特率。在异步方式时，$\overline{R_XC}$ 由专门的时钟发生器提供，其频率是波特率的 1 倍、16 倍或 64 倍。

● $\overline{T_X C}$：发送器发送时钟，输入，数据在 $\overline{T_X C}$ 的下降沿由发送器移位输出。$\overline{T_X C}$ 的频率与波特率之间的关系和 $\overline{R_X C}$ 相同。

● CLK：时钟信号，输入，用于产生 8251A 的内部时序。它的频率没有明确的要求，但必须不低于接收或发送波特率的 30 倍。

9.2.2　8251A 的控制字及工作方式

8251A 是一个可编程串行接口芯片，它的工作方式和操作过程都可通过编程的方法进行设定和控制。这是通过 CPU 向 8251A 的有关内部寄存器写入指定格式的控制信息来实现的。

8251A 有两组 CPU 可访问的内部寄存器，一组是数据寄存器，包括数据输入寄存器和数据输出寄存器；另一组是控制及状态寄存器，包括方式选择寄存器、同步字符寄存器、控制寄存器（操作命令寄存器）和状态寄存器。把 CPU 写入方式选择寄存器的内容称为方式选择控制字（或方式字），写入操作命令寄存器的内容称为操作命令控制字（或命令字）。

8251A 占用两个端口地址，由 C/$\overline{D}$ 引脚上输入的电平进行选择。当 C/$\overline{D}$ = 1 时，对控制端口进行读/写操作（包括对方式选择寄存器写操作、对操作命令寄存器写操作、对同步字符寄存器写操作、对状态寄存器读操作）；当 C/$\overline{D}$ = 0 时，对数据端口进行读/写操作（包括对数据输入寄存器读操作、对数据输出寄存器写操作）。

下面介绍 8251A 的方式字、命令字及状态字的具体格式。

1．方式字

方式字用以确定 8251A 的通信方式（同步/异步）、校验方式（奇校验/偶校验/不校验）、波特率等参数。它应在复位后写入，且只需写入一次。同步和异步方式下的方式字设置不同，如图 9-9、图 9-10 所示。

图 9-9　8251A 同步方式下的方式字格式

图 9-10　8251A 异步方式下的方式字格式

（1）同步方式下的方式字格式

① $D_1D_0 = 00$ 是同步方式的标志特征，表示同步传输时波特率因子为 1，此时芯片上 T_XC 和 R_XC 引脚上的输入时钟频率和波特率相等。

② D_3D_2（L_2L_1）：规定同步传输数据位的长度，可传输 5～8 位数据。

③ D_4（PEN）：规定在传输数据时是否需要设置校验位，"0"表示未设校验位，"1"表示有校验位。

④ D_5（EP）：规定校验的方式，"0"表示奇校验，"1"表示偶校验。

⑤ D_6（ESC）：规定同步方式，"0"表示内同步，芯片的 SYNDET/BRKDET 引脚为输出端；"1"表示外同步，SYNDET/BRKDET 引脚为输入端。

⑥ D_7（SCS）：规定同步字符数，"0"表示 2 个同步字符，"1"表示 1 个同步字符。

例如，要求 8251A 作为外同步通信接口，数据位为 8 位，2 个同步字符，偶校验，其方式字应为 7CH（01111100B = 7CH）。

（2）异步方式下的方式字格式

① D_1D_0（B_1B_0）：不全为 0，表示是异步方式，同时规定波特率因子。当 $B_1B_0 = 01$ 时，波特率因子为 1；当 $B_1B_0 = 10$ 时，波特率因子为 16；当 $B_1B_0 = 11$ 时，波特率因子为 64。

② D_3D_2（L_2L_1）：规定同步传输数据位的长度，与同步方式的规定相同。

③ D_4（PEN）：规定在传输数据时是否需要设置校验位，与同步方式的规定相同。

④ D_5（EP）：规定校验的方式，与同步方式的规定相同。

⑤ D_7D_6（S_2S_1）：规定异步方式时停止位的个数。为了与同步方式区别，当 $D_7D_6 = 00$ 时，没有定义停止位个数；当 $D_7D_6 = 01$ 时，表示 1 个停止位；当 $D_7D_6 = 10$ 时，表示 1.5 个停止位；当 $D_7D_6 = 11$ 时，表示 2 个停止位。

例如，要求 8251A 作为异步通信接口，波特率因子为 64，数据位为 8 位，奇校验，2 个停止位，其方式字应为 DFH（11011111B = DFH）。

2．命令字

命令字可以直接让 8251A 实现某种操作或进入规定的工作状态，它只有在设定了方式字后，才能由 CPU 写入。方式字和命令字本身无特征标志，使用相同的端口地址，8251A 是根据写入的先后次序来区分两者的：先写入的为方式字，后写入的为命令字。

8251A 的命令字格式如图 9-11 所示。

图 9-11　8251A 的命令字格式

① D_0（T_XEN）：允许发送选择。只有当 $D_0 = 1$ 时，才允许 8251A 从发送口发送数据。

② D_2（R_XEN）：允许接收选择。只有当 $D_2 = 1$ 时，才允许 8251A 从接收口接收数据。

③ D_1（DTR）：与调制解调器控制电路的 $\overline{DTR}$ 端有直接联系。当工作在全双工方式时，D_0、D_2 要同时置"1"，D_1 才能置"1"。由于 DTR = 1，使 $\overline{STB}$ 端变为其有效的低电平，通知调制解调器或 MC1488 芯片等器件，CPU 的数据终端已经就绪，可以接收数据。

④ D_5（RTS）：与调制解调器控制电路的 $\overline{RTS}$ 端有直接联系。当 D_5 被置"1"时，由于 RTS = 1，使 $\overline{ACK}$ 端变为其有效的低电平，通知调制解调器或 MC1489 芯片等器件，CPU 将要通过 8251 输出数据。

调制解调器控制电路的 $\overline{DTR}$ 和 $\overline{RTS}$ 的有效电平不是由 8251A 内部产生的，而是通过对控制字的编程来设置的，这样可便于 CPU 与外设直接联系。

⑤ D_3（SBRK）：当 D_3 被置"1"后，串行数据发送端 T_XD 变为低电平，输出"0"信号，表示数据断缺；而当处于正常通信状态时，SBRK = 0。

⑥ D_4（ER）：当 D_4 被置"1"后，将消除状态寄存器中的全部错误标志（PE、OE、FE）。这 3 个错误标志由状态寄存器的 D_3、D_4、D_5 来指示。

⑦ D_6（IR）：当 D_6 被置"1"后，使 8251A 内部复位。如果 8251A 初始化后要重新设置工作方式，写入方式字，则必须先将命令字寄存器的 D_6 置"1"；也可以用外部复位命令 RESET 使 8251A 复位。在正常传输过程中，$D_6 = 0$。

⑧ D_7（EH）：只对同步方式起作用。当 D_7 被置"1"时，表示开始搜索同步字符，但同时要求 D_2（R_XEN）=1，D_4（ER）=1，同步接收工作才开始进行。

3．状态字

CPU 可在 8251A 工作过程中利用输入指令（IN 指令）读取当前 8251A 的状态字，从而检测接口和数据传输的工作状态。8251A 的状态字格式如图 9-12 所示。

图 9-12　8251A 的状态字格式

① D_0（T_XRDY）：$D_0 = 1$ 是发送准备好标志，表明当前数据缓冲器空。

② D_1（R_XRDY）：$D_1 = 1$ 是接收器准备好标志，表明接口已经收到一个字符，当前正准备输入 CPU。当 CPU 从 8251A 输入一个字符时，R_XRDY 自动清零。

③ D_2（T_XE）：发送器空标志，与 T_XE 同步。

④ D_6（SYNDET/BRKDET）：同步检测/断缺检测标志。与 SYNDET/BRKDET 引脚变化相同。

⑤ D_7（DSR）：数据终端准备好标志。

以上 D_1、D_2、D_6、D_7 的状态与 8251A 芯片外部同名引脚的状态完全相同，反映这些引脚当前状态。

⑥ D_3（PE）：奇偶溢出标志位。PE=1 时，表示当前产生了奇偶错，但不中止 8251A 工作。

⑦ D_4（OE）：溢出出错标志位。在接收字符时，如果数据输入寄存器的内容没有被 CPU 及时取走，下一个字符各位已从 R_XD 端全部进入接收移位寄存器，然后进入数据输入寄存器，这时，在数据输入寄存器中，后一个字符覆盖了前一个字符，因而出错，此时 OE 被置 1。

⑧ D_5（FE）：帧格式出错标志位，只适用于异步方式。在异步接收时，接收器根据方式选择寄存器规定的字符位数、有无奇偶校验位、停止位位数等，都由计数器计数接收，若停止位不为 0，则说明帧格式错位，字符出错，此时 FE 被置 1。

以上 PE = 1、OE = 1、FE = 1 只是记录接收时的三种错误，并没有中止 8251A 工作的功能，可以由 CPU 通过 IN 指令读取状态寄存器来发现错误。

9.3　8251A 的初始化及应用设计举例

9.3.1　8251A 的初始化

像所有的可编程器件一样，8251A 在使用前也要进行初始化。对 8251A 的初始化编程，必须在复位操作之后进行。

异步方式下 8251A 的初始化过程如下：

① 写入方式字；

② 写入命令字。

先通过方式字对其工作方式进行设定。如果设定 8251A 工作于异步方式，那么必须在写入方式字之后再通过命令字对有关操作进行设置，然后才可进行数据传送。在数据传送过程中，也可使用命令字进行某些操作设置或读取 8251A 的状态。在数据传送结束时，若使命令寄存器 IR = 1，则 8251A 复位，又可重新接收方式字，从而改变工作方式完成其他传送任务。当然，也可在一次数据传送结束后不改变工作方式，仍按原来的工作方式进行下次数据传送，此时就不需进行内部复位以及重新设置工作方式的操作。这要根据具体使用情况而定。

同步方式下 8251A 的初始化过程如下：

① 写入方式字；

② 写入同步字符（1 个或 2 个）；

③ 写入命令字。

如果设定 8251A 工作于同步方式，那么在写入方式字之后应紧接着写入 1 个同步字符（单同步）或 2 个同步字符（双同步），然后写入操作命令字，后面的操作过程与异步方式相同。

9.3.2　8251A 初始化编程举例

1. 异步方式下的初始化编程举例

例 9.1　若已知 8251A 的控制端口地址为 51H，数据端口地址为 50H，按要求对 8251A

初始化，写出初始化程序段。（假设在此之前已对 8251A 进行了复位操作。）

① 异步方式，波特率因子为 64，每字符 7 个数据位，偶校验，2 位停止位；

② 允许发送和接收，使状态寄存器中的 3 个错误标志位复位，使数据终端准备好信号，$\overline{DTR}$ 输出低电平；

③ 查询 8251A 状态字，接收准备就绪时，从 8251A 输入数据，否则等待。

分析：根据题目要求，方式字如下：

命令字如下：

状态字：查 D_1（R_XRDY）是否等于 1。

初始化程序如下：

```
        MOV     DX, 51H         ; 8251A 控制端口地址
        MOV     AL, FBH         ; 写入方式字
        OUT     DX, AL
        MOV     AL, 17H         ; 写入命令字
        OUT     DX, AL
WT: MOV     DX, 51H         ; 8251A 控制端口地址
        IN      AL, DX          ; 读状态字
        TEST    AL, 02H         ; 检查 R_XRDY=1?
        JZ      WT              ; R_XRDY≠1, 等待
        MOV     DX, 50H         ; 8251A 数据端口地址
        IN      AL, DX          ; 读数据
```

2. 同步方式下的初始化编程举例

例 9.2　若已知 8251A 的控制端口地址为 51H，数据端口地址为 50H，按要求对 8251A 初始化，写出初始化程序段（假设在此之前已对 8251A 进行了复位操作）。

① 同步方式，2 个同步字符，内同步，同步字符为 16H，每字符 7 个数据位，偶校验。

② 允许发送和接收，使状态寄存器中的 3 个错误标志位复位，开始搜索同步字符，并通知调制解调器，数据终端设备已准备就绪。

分析：根据题目要求，方式字如下：

命令字如下：

D_7	D_6	D_5	D_4	D_3	D_2	D_1	D_0
1	0	0	1	0	1	1	1

允许搜索　　　清除错误标志　　允许接收　数据终　允许发送
　　　　　　　　　　　　　　　　　　　　端准备好

初始化程序如下：

```
MOV     DX, 51H              ; 8251A 控制端口地址
MOV     AL, 38H              ; 写入方式字
OUT     DX, AL
MOV     AL, 16H              ; 写入 2 个同步字符，同步字符为 16H
OUT     DX, AL
OUT     DX, AL
MOV     AL, 97H              ; 写入命令字
OUT     DX, AL
```

9.3.3　8251A 应用设计编程举例

1. 利用 8251A 实现与终端的串行通信

终端通常包括键盘和显示器两部分，所以计算机与终端之间需进行双向数据通信，即一方面，要把使用者在键盘上敲入的命令和数据输入给计算机，以供计算机执行和处理；另一方面，还要把计算机的执行结果和运行状态输出给显示器，以供使用者阅读分析。以 8251A 为主要部件构成的计算机串行接口与终端的连接如图 9-13 所示。

图 9-13　用 8251A 实现与终端的通信

在图 9-13 中，8251A 的发送时钟 T_XC 与接收时钟 R_XC 由可编程计数器/定时器芯片 8253（或其他专门的时钟电路）提供。

8251A 的输入/输出电平为 TTL 电平，而终端的对外接口电平为 RS-232C 电平，因此要实现 8251A 与终端的连接与通信，必须使用电平转换电路。其中，用 MC1488 将 8251A 输出的 TTL 电平转换成 RS-232C 电平，用 MC1489 将 RS-232C 电平转换成 TTL 电平，送给 8251A。

在本通信系统中，通信的双方均为数据终端设备（DTE），因此两条数据传输线（R_XD 和 T_XD）应交叉"扭接"，即主机串行接口的发送数据线 T_XD 接到终端的接收数据线 R_XD，主机串行接口的接收数据线 R_XD 接到终端的发送数据线 T_XD。另外，主机串行接口一侧的 $\overline{DTR}$ 与 $\overline{DSR}$ 形成"自环"，$\overline{RTS}$ 与 $\overline{CTS}$ 形成"自环"。自环连接可以简化通信控制程序，同时也可减少连接电缆的信号线数目。在一定条件下（对方通常总是为准备好的情况下），可以采用这种方法。

（1）传送单个字符到显示器的程序

例 9.3 若已知 8251A 的控制端口地址为 D1H，数据端口地址为 D0H，采用查询方式编写 8251A 通信控制程序（包括初始化程序），实现把单个字符"J"（ASCII 码为 4AH）由串行接口发送到显示器。（假设在此之前已对 8251A 进行了复位操作。）

8251A 通信设置如下：

① 异步方式，波特率因子为 16，每字符 7 位数据位，奇校验，1 位停止位；

② 允许发送和接收，使状态寄存器中的 3 个错误标志位复位，$\overline{DTR}$ 和 $\overline{RTS}$ 输出低电平。

程序如下：

```
BEGIN:  MOV   DX, D1H    ; 8251A 控制端口地址
        MOV   AL, 5AH    ; 写入方式字
        OUT   DX, AL
        MOV   AL, 37H    ; 写入命令字
        OUT   DX, AL
STATE:  MOV   DX, D1H    ; 8251A 控制端口地址
        IN    AL, DX     ; 读状态字
        TEST  AL, 01H    ; 测试状态位 TxRDY=1?
        JZ    STATE      ; 发送未准备好，继续查询
        MOV   DX, D0H    ; 8251A 数据端口地址
        MOV   AL, 4AH    ; 输出字符 J 的 ASCII 码 4AH
        OUT   DX, AL     ; 发送数据
        HLT              ; 发送完暂停
```

（2）字符回送程序

例 9.4 若已知 8251A 的控制端口地址为 D1H，数据端口地址为 D0H，采用查询方式编写 8251A 通信控制程序（包括初始化程序），实现使串行接口接收从终端（键盘）输入的一个字符，并立即将同一个字符回送到终端（显示器）。（假设在此之前已对 8251A 进行了复位操作。）

8251A 通信设置如下：

① 异步方式，波特率因子为 16，每字符 7 位数据位，奇校验，1 位停止位；

② 允许发送和接收，使状态寄存器中的 3 个错误标志位复位，$\overline{DTR}$ 和 $\overline{RTS}$ 输出低电平。

程序如下：

```
        MOV   DX, D1H    ; 8251A 控制端口地址
        MOV   AL, 5AH    ; 写入方式字
        OUT   DX, AL
        MOV   AL, 37H    ; 写入命令字
        OUT   DX, AL
```

```
STATE1:  MOV    DX, D1H      ; 8251A 控制端口地址
         IN     AL, DX       ; 读状态字
         TEST   AL, 02H      ; 测试状态位 RₓRDY=1?
         JZ     STATE1       ; 接收未准备好，继续查询
         MOV    DX, D0H      ; 8251A 数据端口地址
         IN     DX, AL       ; 接收数据
         MOV    AL, BL       ; 接收数据暂存 BL 寄存器中
STATE2:  MOV    DX, D1H      ; 8251A 控制端口地址
         IN     AL, DX       ; 读状态字
         TEST   AL, 01H      ; 测试状态位 TₓRDY=1?
         JZ     STATE2       ; 发送未准备好，继续查询
         MOV    DX, D0H      ; 8251A 数据端口地址
         MOV    AL, BL       ; 将刚接收到的字符回送给终端（显示器）
         OUT    DX, AL
         JMP    STATE1       ; 继续准备接收
         HLT                 ; 接收完暂停
```

2. 利用 8251A 实现双机通信

利用 8251A 实现相距较近（不超过 15m）的两台微机相互通信，其硬件连接图如图 9-14 所示。由于是近距离通信，因此不需使用调制解调器，两台微机直接通过 RS-232C 电缆相连，且通信双方均作为数据终端设备（DTE）；由于采用 RS-232C 接口标准，因此需要加接电平转换电路；另外，通信时均认为对方已准备就绪，因此可不使用 $\overline{\text{DTR}}$、$\overline{\text{DSR}}$、RTS、CTS 联络信号，仅使 8251A 的 $\overline{\text{CTS}}$ 接地即可。

图 9-14　利用 8251A 进行双机通信的硬件连接图

设甲、乙两机可进行半双工或全双工通信。CPU 与接口之间可按查询方式或中断方式进行数据传输。为了避免把方式字写入其他寄存器，可以在初始化开始之前，向控制端口先后写入 3 个 "00H"，1 个 "40H"。前面的 3 个 "00H" 是无效命令，用来跨过方式字和同步字符阶段，最后一个 "40H" 作为命令字写入控制端口，对 8251A 进行内部复位。此后再对 8251A 进行正式的初始化编程。

例 9.5　若已知 8251A 的控制端口地址为 D1H，数据端口地址为 D0H，采用查询方式编

写 8251A 实现半双工双机通信的初始化及控制程序。

8251A 通信设置如下：

① 异步方式，波特率因子为 16，每字符 7 位数据位，偶校验，1 位停止位；

② 使状态寄存器中的 3 个错误标志位复位，发送端允许发送，发送请求有效；接收端允许接收，数据终端准备好有效。

发送端初始化及控制程序如下：

```
START:  MOV    DX, D1H      ; 8251A 控制端口地址
        MOV    AL, 00H      ; 向 8251A 连续三次写入 00H
        OUT    DX, AL
        OUT    DX, AL
        OUT    DX, AL
        MOV    AL, 40H      ; 向 8251A 写入一次 40H，内部复位
        OUT    DX, AL
        MOV    AL, 7AH      ; 写入方式字
        OUT    DX, AL
        MOV    AL, 31H      ; 写入命令字
        OUT    DX, AL
        MOV    SI           ; 发送数据块首地址
        MOV    CX           ; 发送数据块字节数
WAIT:   MOV    DX, D1H      ; 8251A 控制端口地址
        IN     AL, DX       ; 读状态字
        TEST   AL, 01H      ; 测试状态位 TxRDY=1?
        JZ     WAIT         ; 发送未准备好，继续查询
        MOV    DX, D0H      ; 8251A 数据端口地址
        MOV    AL, [SI]     ; 发送准备好，从发送区取 1 字节数据发送
        OUT    DX, AL
        INC    SI           ; 修改地址指针
        LOOP   WAIT         ; 未发送完，继续
        HLT                 ; 发送完暂停
```

接收端初始化及控制程序如下：

```
START:  MOV    DX, D1H      ; 8251A 控制端口地址
        MOV    AL, 00H      ; 向 8251A 连续三次写入 00H
        OUT    DX, AL
        OUT    DX, AL
        OUT    DX, AL
        MOV    AL, 40H      ; 向 8251A 写入一次 40H，内部复位
        OUT    DX, AL
        MOV    AL, 7AH      ; 写入方式字
        OUT    DX, AL
        MOV    AL, 16H      ; 写入命令字
        OUT    DX, AL
        MOV    DI           ; 接收数据块首地址
        MOV    CX           ; 接收数据块字节数
WAIT:   MOV    DX, D1H      ; 8251A 控制端口地址
        IN     AL, DX       ; 读状态字
```

TEST	AL，02H	；测试状态位 $R_XRDY=1?$
JZ	WAIT	；接收未准备好，继续查询
TEST	AL，38H	；检测是否有帧格式错、溢出错、奇偶校验错
JZ	ERR	；若有，则转出错处理
MOV	DX，D0H	；8251A 数据端口地址
IN	AL，DX	；接收准备好，接收 1 字节
MOV	[DI]，AL	；存入接收数据区
INC	DI	；修改地址指针
LOOP	WAIT	；未接收完，继续
HLT		；接收完暂停
ERR：		；出错处理程序（略）

习题九

9.1　选择题

（1）在数据传输过程中，数据由串行变并行或由并行变串行，其转换是通过（　　）实现的。

A. 锁存器　　　　　　　　　　　B. 加法器

C. 移位寄存器　　　　　　　　　D. 数据寄存器

（2）在远距离串行通信中，采用调制技术是为了使信号（　　）。

A. 强度加大　　　　　　　　　　B. 不失真传输

C. 一位一位传输　　　　　　　　D. 有条不紊传输

（3）CPU 通过数据总线向慢速外设输出数据时，接口部分必须含有的部件是（　　）。

A. 反相器　　　　　　　　　　　B. 放大器

C. 锁存器　　　　　　　　　　　D. TTL/EIA-RS-232C 电平转换器

（4）串行接口与设备之间的数据传输是以串行方式，以及（　　）。

A. 单工方式进行的　　　　　　　B. 半双工方式进行的

C. 全双工方式进行的　　　　　　D. 半/全双工方式进行的

（5）甲、乙两台计算机近距离通过 RS-232C 接口进行通信时，常采用最简单的三线连接，即（　　）。

A. 甲机的 T_XD、R_XD、GND 分别与乙机的 T_XD、R_XD、GND 相连

B. 甲机的 T_XD、R_XD、GND 分别与乙机的 R_XD、T_XD、GND 相连

C. 甲机的 RTD、T_XD、R_XD 分别与乙机的 $\overline{RTS}$、T_XD、R_XD 相连

D. 甲机的 $\overline{DSR}$、R_XD、$\overline{DTR}$ 分别与乙机的 $\overline{DSR}$、R_XD、$\overline{DTR}$ 相连

9.2　什么是比特率、波特率？

9.3　如果串行传输速率为 2400b/s，则数据位的时钟周期是多少秒？

9.4　若 8251A 的收发时钟（R_XC、T_XC）频率为 38.4kHz，它的 $\overline{RTS}$ 和 $\overline{CTS}$ 引脚相连。工作在半双工异步通信，每帧字符的数据位数为 7，停止位数为 1，偶校验，波特率为 600b/s，处于发送状态。写出初始化程序，其端口地址为 02C0H 和 02C1H。

9.5　设 8251A 为异步工作方式，波特率因子为 16，每字符 7 位数据位，奇校验，2 位停止位。CPU 对 8251A 输入 80 字符。进行初始化编程。端口地址为 0F2H。

9.6　同步传输方式和异步传输方式的特点各是什么？

9.7　采用 8251A 进行串行异步传输，每帧信息对应 1 个起始位、7 个数据位、1 个奇偶校验位、1 个停止位，波特率为 4800b/s，则每分钟能传输的最大字符数为多少个？

9.8　同步传输方式和异步传输方式的特点各是什么？

9.9　在异步传输时，如果发送方的波特率为 600b/s，接收方的波特率为 1200b/s，能否进行正常通信？为什么？

9.10　试对一个 8251A 进行初始化编程，要求其工作在同步方式，7 位数据位，奇校验，1 个停止位，工作在内同步方式，2 个同步字符。

9.11　一个异步串行发送器，发送具有 8 位数据位的字符，在系统中使用 1 位作偶校验，2 个停止位。若每秒钟发送 100 个字符，则它的波特率和位周期分别是多少？

第10章 虚拟仿真实验

本章共介绍 4 个实验。实验一和实验二为汇编语言上机实验，需要进入 DOS 环境，如果计算机没有安装 DOS 环境，可以安装 Dosbox 软件。实验三和实验四为硬件接口仿真实验，需要安装 MASM32 编译器和 Proteus 8.9 仿真软件。

10.1 实验一 DOS 环境下的汇编语言编程环境使用

10.1.1 汇编语言程序设计的上机过程

（1）编辑汇编语言源程序，用编辑器编写一个以.asm 为扩展名的源文件。

（2）对源程序进行汇编，生成以.obj 为扩展名的目标文件。

（3）将一个或者多个目标文件进行链接，生成以.exe 为扩展名的可执行文件。

（4）执行可执行文件。

（5）若程序执行时不符合功能要求，则要进行调试，从而发现并改正程序中的错误。

（6）重复汇编和链接过程，再执行可执行文件，直至实现全部功能要求。

汇编语言程序设计上机过程如图 10-1 所示。

图 10-1 汇编语言程序设计上机过程

10.1.2 汇编语言上机实验步骤

在 PC 的任意逻辑盘上（以 D 盘为例）建立一个 MASM 文件夹（路径为 D:\MASM），把下面 3 个文件复制到该文件夹下。

汇编软件：MASM.exe；

链接程序：LINK.exe；

调试程序：DEBUG.exe。

1. 用编辑程序 EDIT 建立汇编语言源程序文件（.asm 文件）

在 Windows 2000 或者 Windows XP 环境下，单击"开始"→"运行"，在运行中输入"CMD"进入 DOS 模式，运行 EDIT 软件，例如：

C:\documents and settings\administrator>cd\	*进入 C 盘根目录
C:\>d:	*进入 D 盘
D:\>md masm	*在 D 盘创建 MASM 文件夹

```
D:\>cd masm                              *进入 MASM 文件夹
D:\masm>edit abc.asm                     *建立源文件
```

注意：如果没有 EDIT 软件，可以新建记事本，输入源程序，保存为.asm 文件。源文件（.asm 文件）应存放在 MASM 文件夹中（路径为 D:\MASM）。

进入 EDIT 的程序编辑界面后，输入源程序。

例如，编程实现从键盘接收一个字符串并回显，再从键盘输入一个待查找字符，找到时提示"Yes,found!"，找不到时提示"No found!"。汇编语言源程序如下：

```
DATA      SEGMENT
          STRBUF1  DB   'Please input a string:$'
          STRBUF2  DB   'Please input the character you want to look for:$'
          PRMT1    DB   'Yes,found!$'
          PRMT2    DB   'No,found!$'
          KEYLEN   DB   64
          KEYNUM   DB   ?
          KEYBUF   DB 64 DUP(?)
          CHAR     DB   ?
          CRLF     DB 0AH,0DH,'$'
DATA      ENDS
STACK     SEGMENT
          DB 100 DUP(0)
   TOP    DW   ?
STACK     ENDS
CODE      SEGMENT
          ASSUME CS:CODE,DS:DATA,SS:STACK
START:    MOV AX,  DATA
          MOV DS,  AX
          MOV AX,  STACK
          MOV SS,  AX
          MOV SP,  OFFSET TOP
          LEA DX,  STRBUF1
          MOV AH,  9
          INT 21H
          LEA DX,  KEYLEN
          MOV AH,  0AH
          INT 21H
          LEA DX,  CRLF
          MOV AH,  09H
          INT 21H
          MOV BL,  KEYNUM
          MOV BH,  0
          LEA DX,  KEYBUF
          ADD BX,  DX
          MOV BYTE PTR[BX],'$'
          MOV AH,  09H
          INT 21H
```

```
            LEA DX, CRLF
            MOV AH, 09H
            INT 21H
            LEA DX, STRBUF2
            MOV AH, 9
            INT 21H
            MOV AH, 1
            INT 21H
            MOV CHAR, AL
            LEA DX, CRLF
            MOV AH, 09H
            INT 21H
            MOV CL, KEYNUM
            MOV CH, 0
            MOV BX, OFFSET KEYBUF
            MOV AL, CHAR
L1:         CMP AL, [BX]
            JZ FOUND
            INC BX
            LOOP L1
            JZ NOFOUND
NOFOUND: MOV DX, OFFSET PRMT1
            MOV AH, 9
            INT 21H
            JMP EXIT
FOUND:   MOV DX, OFFSET PRMT1
            MOV AH, 9
            INT 21H
EXIT:    MOV AH, 4CH
            INT 21H
CODE     ENDS
            END START
```

　　源程序输入完毕后，按 Alt+F 组合键打开 File 菜单，用其中的 Save 功能将文件存盘，然后退出（Exit）。此时，在 D:\MASM>中已经建立 abc.asm 源文件。

2. 用汇编程序 MASM 将.asm 文件汇编成目标文件（.obj 文件）

　　当源程序建立以后，我们用汇编程序 MASM 对 abc.asm 源程序文件进行汇编，以便产生机器码的目标文件 abc.obj，其操作步骤如下：

```
D:\masm>masm abc                          *调用 MASM 程序
Microsoft (R) Macro Assembler Version 5.00
Copyright (C) Microsoft Corp 1981 – 1985, 1987. All rights reserved.
Object filename [abc.OBJ]:                 *询问目标文件名，默认并回车
Source listing [NUL.LST]:                  *是否建立列表文件，默认不建立并回车
Cross-reference [NUL.CRF]:                 *是否建立交叉索引文件，默认不建立并回车
50674 + 450574 Bytes symbol space free
0 Warning Errors
0 Severe   Errors
```

如果安装的是 Dosbox 软件，先将 PC 的 D:\MASM 目录映射为 DOS 下的 C 盘，然后在 Dosbox 中汇编成目标文件，如图 10-2 所示。

图 10-2　在 Dosbox 中汇编成目标文件

若汇编过程中有错，则显示错误信息，错误分析清楚后，要重新调入编辑程序进行修改，然后重新汇编，直至无错为止。此时，在 D:\MASM>中已经生成 abc.obj 目标文件。

3. 用链接程序 LINK 生成可执行文件（.exe 文件）

经汇编后产生的二进制目标文件（.obj 文件）并不是可执行文件（.exe 文件），必须经链接以后，才能成为可执行文件。

链接过程如下：

D:\MASM>link abc	*调用 LINK 程序
Microsoft (R) Overlay Linker Version 3.60	
Copyright (C) Microsoft Corp 1983-1987. All rights reserved.	
Run File [ABC.EXE]:	*询问可执行文件名，默认并回车
List File [NUL.MAP]:	*是否建立链接映像文件，默认不建立并回车
Libraries [.lib]:	*是否用到库文件，若无特殊需要，直接回车

如果安装的是 Dosbox 软件，操作过程如图 10-3 所示。

图 10-3　在 Dosbox 中生成可执行文件

链接以后，链接程序输出一条警告信息"没有堆栈段"，可暂时不理会这条信息。此时，在 D:\MASM>中已产生了可执行文件（abc.exe 文件）。

4．程序的执行

当我们建立了可执行文件 abc.exe 后，就可直接在 DOS 下执行该程序：

D:\MASM>abc

根据程序提示，输入一个字符串并回显，再从键盘输入一个待查找字符，找到时提示"Yes, found！"，找不到时提示"No found！"。

如果安装的是 Dosbox 软件，操作过程如图 10-4 所示。

图 10-4　在 Dosbox 中执行程序

10.2　实验二　DEBUG 的使用

通过实验一，学习了如何生成可执行文件（.exe 文件）。实验二将在实验一的基础之上介绍如何使用 DEBUG 调试程序。

10.2.1　DEBUG 的常用命令

DEBUG 是 DOS、Windows 都提供的程序调试工具，利用它可以查看 CPU 中各种寄存器的值，观察和更改内存，以及输入、更改、跟踪、运行汇编语言程序。本实验主要用到以下 DEBUG 命令：

① R 命令，显示和修改指定寄存器的值。

② D 命令，查看指定内存范围的数据。

③ E 命令，修改指定内存范围的数据。

④ A 命令，以汇编语言指令的格式在内存中写入一条机器指令。

⑤ U 命令，从指定地址开始反汇编机器指令。

⑥ T 命令，执行一条机器指令。

⑦ Q 命令，退出 DEBUG。

10.2.2　实验内容

现有一个双字加法源程序如下，其中存在错误。假设已汇编、链接生成了可执行文件 HB.EXE，存放在 D:\MASM 目录下。请使用 DEBUG 对其进行调试。

```
Code SEGMENT
        ASSUME CS：code，DS：code
        ORG 100H                        ；从 100H 处开始存放下列指令
```

```
    Start:MOV AX, code              ; 将 DS 置成 code 段的首地址
         MOV DS, AX
         MOV SI, 200H               ; 取第一个数的首地址
         MOV AX, [SI]               ; 将第一个数的低 16 位取到 AX
         MOV DI, 204H               ; 取第二个数的首地址
         ADD AX, [DI]               ; 第一个数和第二个数的低 16 应相加
         MOV [SI+8], AX             ; 低 16 位相加的结果送到 208H 和 209H 单元
         MOV AX, [SI+2]             ; 取第一个数的高 16 位送到 AX 中
         ADD AX, [DI+2]             ; 两个数的高 16 位相加
         MOV [SI+0AH], AX           ; 高 16 位相加的结果送到 20AH, 20BH 单元
         MOV AX, 4C00H              ; 使用 DOS 的 4CH 号功能调用
         INT 21H                    ; 进入功能调用，返回 DOS
         ORG 200H                   ; 从 200H 处开始存放下列数据
         DD 12345678h, 654387A9h, 0h ; 被加数、加数、和
    Code    ENDS
         END start
```

10.2.3 实验步骤

（1）根据实验一的步骤，将上述实验内容中的源文件生成可执行文件 hb.exe。

（2）进入 DEBUG 并装入可执行文件 hb.exe（以下截图均为 Dosbox 环境下截图）：

```
C:\>debug hb.exe
-
```

（3）观察寄存器初始状态：

```
-r
AX=FFFF  BX=0000  CX=020C  DX=0000  SP=0000  BP=0000  SI=0000  DI=0000
DS=075A  ES=075A  SS=0769  CS=076A  IP=0100   NV UP EI PL NZ NA PO NC
076A:0100 B86A07         MOV      AX,076A
```

（4）以单步工作方式开始运行程序：

```
-t

AX=076A  BX=0000  CX=020C  DX=0000  SP=0000  BP=0000  SI=0000  DI=0000
DS=075A  ES=075A  SS=0769  CS=076A  IP=0103   NV UP EI PL NZ NA PO NC
076A:0103 8ED8           MOV      DS,AX
```

```
-t

AX=076A  BX=0000  CX=020C  DX=0000  SP=0000  BP=0000  SI=0000  DI=0000
DS=076A  ES=075A  SS=0769  CS=076A  IP=0105   NV UP EI PL NZ NA PO NC
076A:0105 BE0002         MOV      SI,0200
```

（5）观察用户程序数据段初始内容：

```
-d 200 20f
076A:0200  78 56 34 12 A9 87 43 65-00 00 00 00 C0 75 03 E9   xV4...Ce.....u..
```

（6）连续工作方式运行程序至返回 DOS 前（设断点），查看运行结果。为此，现使用 U 命令反汇编：

```
-u 100
076A:0100 B86A07        MOV     AX,076A
076A:0103 8ED8          MOV     DS,AX
076A:0105 BE0002        MOV     SI,0200
076A:0108 8B04          MOV     AX,[SI]
076A:010A BF0402        MOV     DI,0204
076A:010D 0305          ADD     AX,[DI]
076A:010F 894408        MOV     [SI+08],AX
076A:0112 8B4402        MOV     AX,[SI+02]
076A:0115 034502        ADD     AX,[DI+02]
076A:0118 89440A        MOV     [SI+0A],AX
076A:011B B8004C        MOV     AX,4C00
076A:011E CD21          INT     21
```

可见，要执行 10 条指令，至 011B 处停止。

```
-g 100,011b

AX=7777  BX=0000  CX=020C  DX=0000  SP=0000  BP=0000  SI=0200  DI=0204
DS=076A  ES=075A  SS=0769  CS=076A  IP=011B    NV UP EI PL NZ NA PE NC
076A:011B B8004C        MOV     AX,4C00
-d 200 20f
076A:0200   78 56 34 12 A9 87 43 65-21 DE 77 77 C0 75 03 E9    xV4...Ce!.ww.u..
-
```

和为 7777DE21H，正确。

（7）再取一组数据，查看运行结果。为此，首先用 E 命令修改数据：

```
-e 200 cd,ab,78,56,90,ef,34,12
-d 200 20f
076A:0200   CD AB 78 56 90 EF 34 12-21 DE 77 77 C0 75 03 E9    ..xV..4.!.ww.u..
-g=100,11b

AX=68AC  BX=0000  CX=020C  DX=0000  SP=0000  BP=0000  SI=0200  DI=0204
DS=076A  ES=075A  SS=0769  CS=076A  IP=011B    NV UP EI PL NZ NA PE NC
076A:011B B8004C        MOV     AX,4C00
-d 200 20f
076A:0200   CD AB 78 56 90 EF 34 12-5D 9B AC 68 C0 75 03 E9    ..xV..4.]..h.u..
-
```

和为 68AC9B5DH，错误。说明程序有问题。

（8）再将断点设在完成低位字加法后，查看运行结果：

```
-g=100,112

AX=9B5D  BX=0000  CX=020C  DX=0000  SP=0000  BP=0000  SI=0200  DI=0204
DS=076A  ES=075A  SS=0769  CS=076A  IP=0112    NV UP EI NG NZ NA PO CY
076A:0112 8B4402        MOV     AX,[SI+02]                        DS:0202=5678
-d 200 20f
076A:0200   CD AB 78 56 90 EF 34 12-5D 9B AC 68 C0 75 03 E9    ..xV..4.]..h.u..
-
```

低位和为 9B5D，正确。说明错误可能在后面。

（9）使用 T 命令从刚才的断点处向后单步调试，查看运行结果：

```
-t=112

AX=5678  BX=0000  CX=020C  DX=0000  SP=0000  BP=0000  SI=0200  DI=0204
DS=076A  ES=075A  SS=0769  CS=076A  IP=0115    NV UP EI NG NZ NA PO CY
076A:0115 034502        ADD       AX,[DI+02]                    DS:0206=1234
-t

AX=68AC  BX=0000  CX=020C  DX=0000  SP=0000  BP=0000  SI=0200  DI=0204
DS=076A  ES=075A  SS=0769  CS=076A  IP=0118    NV UP EI PL NZ NA PE NC
076A:0118 89440A        MOV       [SI+0A],AX                    DS:020A=68AC
```

AX 寄存器的结果为 68AC，而应为 68AD。可见是本条加法指令使用错误，这里应使用带进位加法指令。

（10）使用 A 命令装入正确指令后再次运行，查看结果：

```
-a 115
076A:0115 adc ax,[di+02]
076A:0118
-g=100,11b

AX=68AD  BX=0000  CX=020C  DX=0000  SP=0000  BP=0000  SI=0200  DI=0204
DS=076A  ES=075A  SS=0769  CS=076A  IP=011B    NV UP EI PL NZ NA PO NC
076A:011B B8004C        MOV       AX,4C00
-d 200 20f
076A:0200  CD AB 78 56 90 EF 34 12-5D 9B AD 68 C0 75 03 E9   ..xV..4.]..h.u..
```

和为 68AD9B5DH，正确。对于这样一个简单程序，一般来说不会再有问题，退出后修改源程序即可。

（11）退出：

```
-q

C:\>
```

10.3　实验三　8259A 中断控制器实验

10.3.1　实验目的与要求

了解 8259A 的内部结构、工作原理；了解 8259A 与 8086 的接口逻辑；掌握对 8259A 的初始化编程方法；了解 8088 是如何响应中断、退出中断的。

10.3.2　实验内容

（1）设计一个基于 8086 最小系统的电路，包含 8259A 接收一个用开关按钮输入的脉冲以触发 8086 的可屏蔽中断，以及一个 74LS373 的八路发光二极管驱动电路。

（2）编制程序，实现上下按动开关按钮，产生一个边沿触发信号"⎍"送给 8259A 的 IR0，触发中断，8086 中断服务程序对 8 个发光二极管进行依次点亮。

10.3.3　实验原理图

（1）包含地址译码电路的 8086 最小系统，如图 10-5 所示。

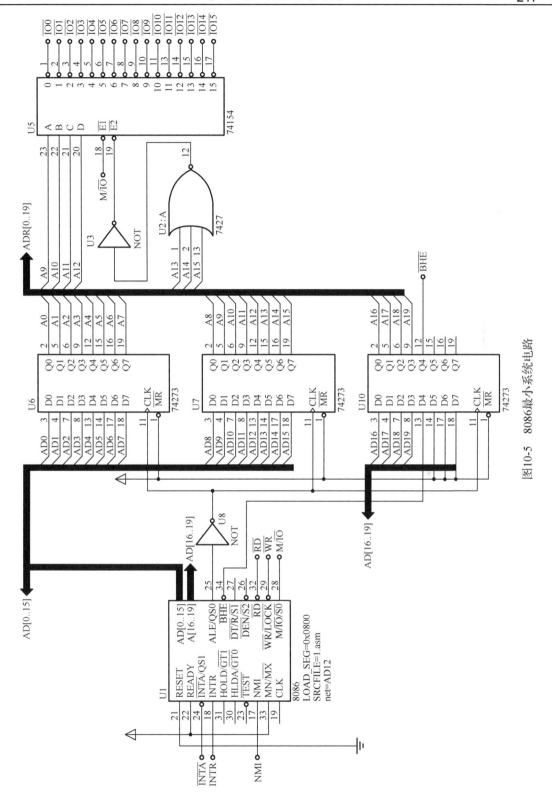

图10-5　8086最小系统电路

（2）8259A 中断控制器电路，如图 10-6 所示。

图 10-6　8259A 中断控制器电路

（3）74LS373 发光二极管驱动电路，如图 10-7 所示。

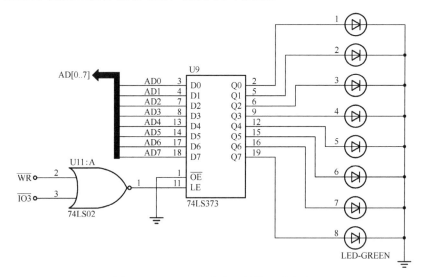

图 10-7　74LS373 发光二极管驱动电路

10.3.4　实验步骤

（1）按实验要求进行原理图设计和软件设计，编译通过。

（2）进行仿真。

（3）上下按动开关按钮，产生一个边沿触发信号"⎴"送给 8259A 的 IR0，观察发光二极管的显示结果。

10.3.5　参考程序

```
CODE      SEGMENT 'CODE'
          ASSUME CS：CODE，DS：DATA，SS：STACK
START：
          MOV       AX，DATA
          MOV       DS，AX
          MOV       AX，STACK
          MOV       SS，AX
```

```
                LEA         SP, STACK_TOP
                CLI
                MOV         AX, 0
                MOV         ES, AX
                MOV         SI, 60H*4
                MOV         AX, OFFSET INT0
                MOV         ES : [SI], AX
                MOV         AX, CS
                MOV         ES : [SI+2], AX
                MOV         AL, 00010011B
                MOV         DX, 400H
                OUT         DX, AL
                MOV         AL, 060H
                MOV         DX, 402H
                OUT         DX, AL

                MOV         AL, 01H
                OUT         DX, AL
                MOV         DX, 402H
                MOV         AL, 00H
                OUT         DX, AL
                MOV         DX, 400H
                MOV         AL, 20H
                OUT         DX, AL
                MOV         AL, CNT
                MOV         DX, 0600H
                OUT         DX, AL
                STI
LI:             MOV         DX, 400H
                MOV         AL, 60H
                OUT         DX, AL
                JMP         LI
INT0    PROC
                CLI
                MOV         AL, CNT
                ROL         AL, 1
                MOV         CNT, AL
                MOV         DX, 0600H
                OUT         DX, AL
                MOV         DX, 400H
                MOV         AL, 20H
                OUT         DX, AL
                STI
                IRET
INT0    ENDP
CODE    ENDS
DATA    SEGMENT
CNT     DB          1
DATA    ENDS
STACK   SEGMENT
STA     DW          128 DUP(?)
STACK_TOP DW        0
STACK   ENDS
END     START
```

10.4 实验四 8255控制交通灯实验

10.4.1 实验目的与要求

（1）了解8255芯片的工作原理，熟悉其初始化编程方法及输入、输出程序设计技巧；学会使用8255并行接口芯片实现各种控制功能，如本实验的控制交通灯功能等。

（2）熟悉8255内部结构和与8088的接口逻辑，熟悉8255芯片的3种工作方式及控制字格式。

10.4.2 实验内容

（1）编写程序：使用8255的PB口和PC口控制LED指示灯，实现交通灯功能。

（2）连接线路验证8255的功能，熟悉它的使用方法。

10.4.3 实验原理图

（1）8086最小系统电路如图10-8所示。

图10-8 8086最小系统电路

（2）地址译码电路如图 10-9 所示。

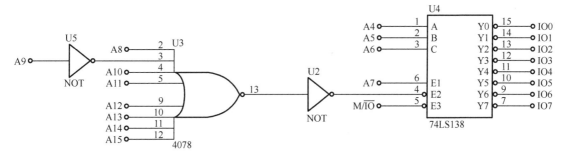

图 10-9　地址译码电路

（3）8255 工作电路如图 10-10 所示。

图 10-10　8255 工作电路

（4）交通灯电路如图 10-11 所示。

10.4.4　实验步骤

（1）按实验要求进行原理图设计和软件设计，编译通过。

（2）进行仿真。

（3）观察发光二极管的显示结果。

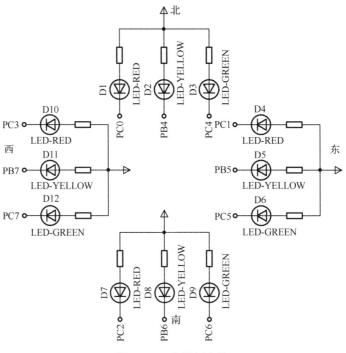

图 10-11　交通灯电路

10.4.5　参考程序

```
IOCON       EQU 02B6H
IOA         EQU 02B0H
IOB         EQU 02B2H
IOC         EQU 02B4H
CODE        SEGMENT
            ASSUME  CS:CODE
START:      MOV     AL, 80H
            MOV     DX, IOCON
            OUT     DX, AL
            MOV     DX, IOB
            MOV     AL, 0F0H
            OUT     DX, AL
            MOV     DX, IOC
            MOV     AL, 0F0H
            OUT     DX, AL
            CALL    DELAY1
IOLED0:     MOV     AL, 10100101B
            MOV     DX, IOC
            OUT     DX, AL
            CALL    DELAY1
            CALL    DELAY1
            OR      AL, 0F0H
            OUT     DX, AL
            MOV     CX, 8
```